藏在中国历史里的数学思维

中国长城

作者：阿尔法派工作室 赵妍 束雅婷
插画：杜飞

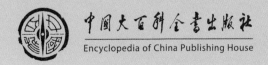

中国大百科全书出版社
Encyclopedia of China Publishing House

图书在版编目（CIP）数据

藏在中国历史里的数学思维．中国长城 / 阿尔法派工作室，赵妍，束雅婷著．-- 北京 ：中国大百科全书出版社，2022.1

ISBN 978-7-5202-1071-3

Ⅰ．①藏… Ⅱ．①阿… ②赵… ③束… Ⅲ．①数学—少儿读物②长城—少儿读物 Ⅳ．①01-49②K928.77-49

中国版本图书馆CIP数据核字（2021）第268850号

策划人：杨振
策划：万物 阿尔法派工作室
作者：阿尔法派工作室 赵妍 束雅婷
插画：杜飞
责任编辑：田祎
电脑绘制：月笙文化
装帧设计：月笙文化

藏在中国历史里的数学思维：中国长城
中国大百科全书出版社出版发行
（北京阜成门北大街17号 邮编：100037）
http://www.ecph.com.cn
新华书店经销
北京华联印刷有限公司印制
开本：1194毫米×889毫米 1/16 印张：6.25
2022年1月第1版 2022年1月第1次印刷
ISBN 978-7-5202-1071-3
定价：98.00元

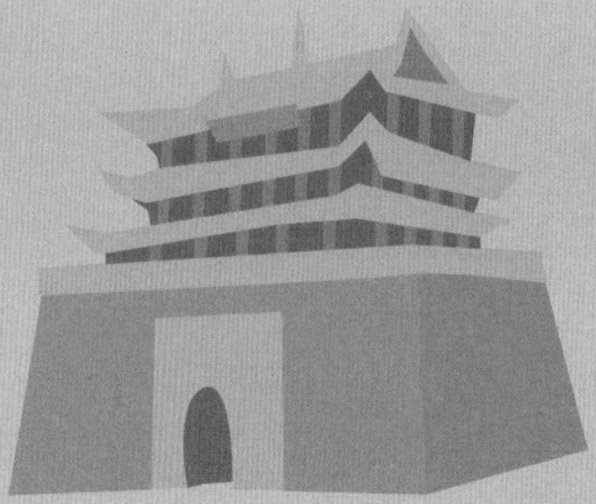

前言

思维是人类特有的一种精神活动。思维训练是人脑智力开发的一种方法，可以提高孩子的逻辑推理能力和综合分析能力，增强孩子的判断力，让孩子更加客观地认知世界。

长城是一项历经几千年不断修建与完善的军事工程，它也被列入《世界遗产名录》。通过这本书，孩子不仅可以了解长城本身的修建过程，还可以从中了解到长城周围发生的战役、关城内人们的日常生活、不同民族与国家之间的友好交流等。长城上的士兵使用什么样的作战工具？关城内有哪些建筑？外国人经过长城时做了什么？

本书将趣味性思维谜题与长城结合起来，通过多种思维谜题形式，如迷宫、拼图、规律、数感、计算、空间、数独、图形观察、绘画、推理等，帮助孩子锻炼理解力、专注力、观察力、计算思维、符号思维、推理能力、分析能力和逻辑思维等多种能力。思维谜题按照难度从低到高分为 3 个级别，分别是三星、四星和五星。

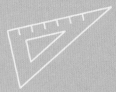

目录

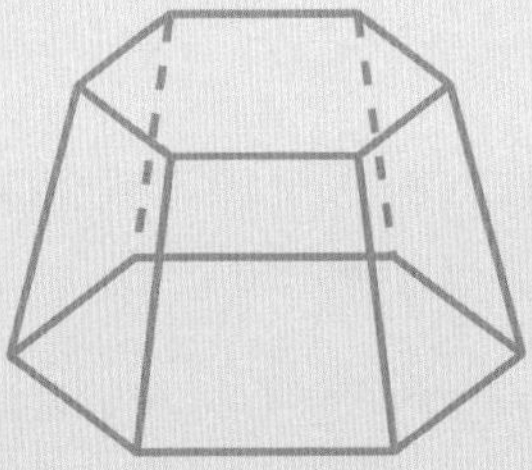

长城的历史 …… 6-7

最早的长城 …… 8-9

战车排列 …… 10

城楼布兵 …… 11

攻城计 …… 12

巡视堡垒 …… 13

秦始皇筑长城 …… 14-15

秦朝旗帜 …… 16

做晚饭 …… 17

逃跑的民工 …… 18

石块开采 …… 19

白登之围 …… 20-21

白登山下的会议 …… 22

缴获的兵器 …… 23

谁是使者 …… 24

雪地轨迹 …… 25

边塞运动会 …… 26-27

军事大赛 …… 28

赛马 …… 29

十字弩训练 …… 30

天田 …… 31

烽燧下的“泼水节” …… 32-33

玄奘取经 …… 34

桶中水 …… 35

泼水节 …… 36

弹力皮球 …… 37

草原上的战壕 …… 38-39

金长城的修筑 …… 40

骑射训练 …… 41

萨满仪式 …… 42

提水装置 …… 43

拱卫京师的大工程 …… 44-45

还原遗迹 …… 46

四大天王 …… 47

建造空心敌台 …… 48

长城砖的烧制 …… 49

瞭望台下的边境贸易 …… 50-51
镇北台 …… 52
蒙汉互市 …… 53
寻找摊位 …… 54
破碎的酒壶 …… 55

山海关大战 …… 56-57
天下第一关 …… 58
四座城门 …… 59
五虎镇东 …… 60
猜猜哪一年 …… 61

长城第一桥 …… 62-63
火柴棒四边形 …… 64
燕尾榫 …… 65
火药存放 …… 66
渔夫过河 …… 67

嘉峪关的探险家 …… 68-69
明城墙 …… 70
邮差路线 …… 71
人马数量 …… 72
脚手架 …… 73

长城脚下的汽车拉力赛 …… 74-75
土木堡长城 …… 76
冠军车 …… 77
时区 …… 78
沙漠救援 …… 79

雁门关的游客 …… 80-81
寻找失物 …… 82
关城诗句 …… 83
大雁排列 …… 84
迷路的游客 …… 85

长城建在哪儿 …… 86-87
敌人来了 …… 88-89
进攻与防御 …… 90-91
答案 …… 92-98

长城的历史

长城并不仅仅指矗立在山岭上的那道连绵不绝的城墙，它还包括敌楼、烽火台、关城等多个部分。作为一整套军事防御体系，长城是由这些部分共同组成的。

从西周王室分封诸侯国开始，各家诸侯国就有了对外防范的意识。他们修建起高高的城墙以保护领土，不让未经许可的人越过一步。虽然这些诸侯国最终还是被秦国吞并，但以城墙来防御国土的方法却保留了下来。

秦朝统一天下后，秦始皇并没有将城墙全部拆掉，因为北方边境之外的匈奴等民族的势力对秦朝仍然有着很大的威胁。于是，他下令将原先各国留在北方的长城连接起来，建成了一道“万里长城”。汉朝初期，长城不再有守军驻扎，因而年久失修，逐渐失去了原先的防御作用，这给了匈奴越过长城的机会，也使得人们意识到了长城的重要性。直到

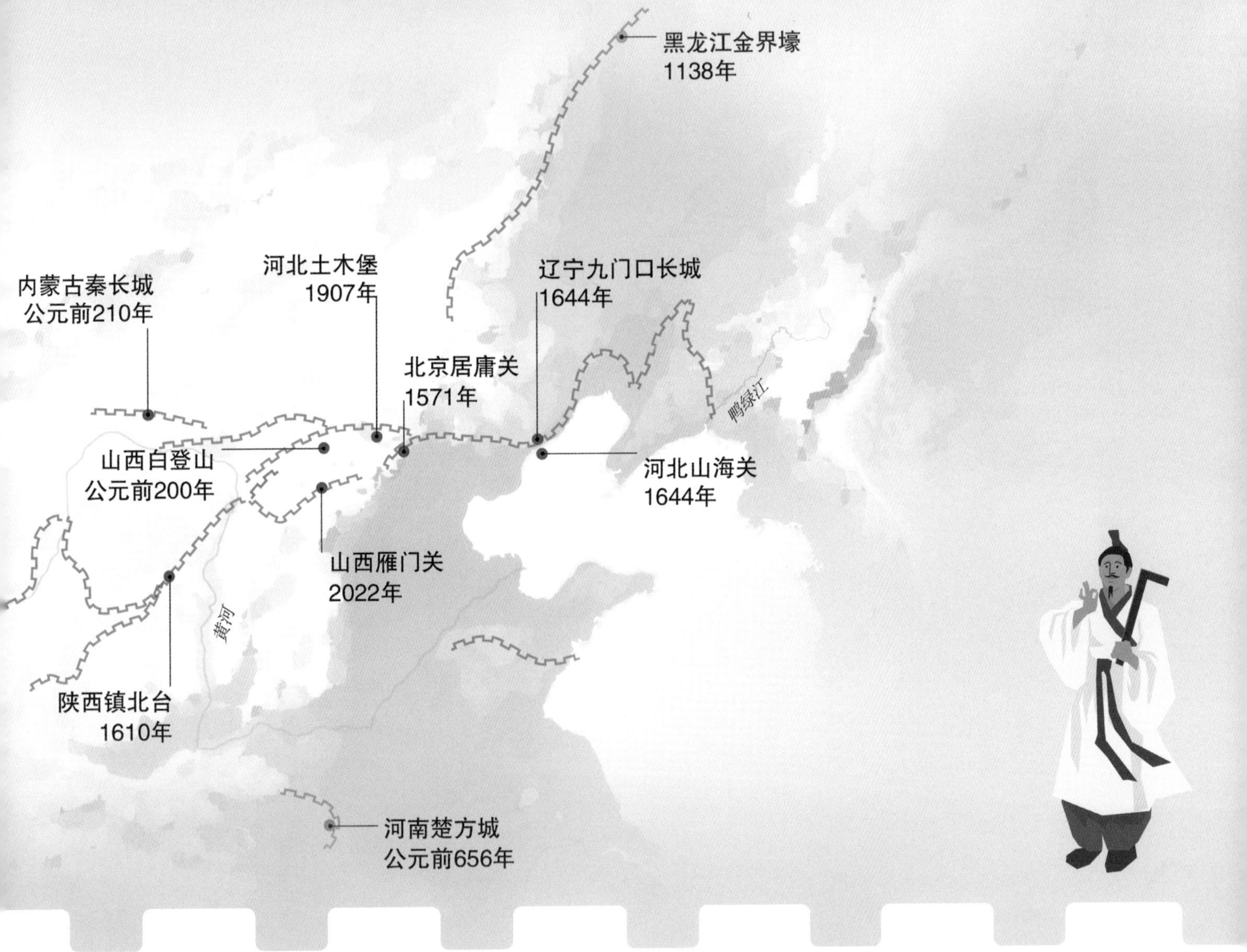

汉武帝将匈奴驱逐出境后，才重新对原先的长城进行修整，并兴建了新的长城。到了隋朝，修筑长城成为了国家的重要目标。隋朝的两代统治者在前朝的基础上，曾调动约 200 万人力，持续在北方和西北方修筑长城。唐宋时期，由于国家政策、战略重心和领土疆界的改变，人们并没有继续增筑长城。现今保存最完整的长城，是明代修筑的长城，它也是长城历史上的巅峰。明长城并不是秦长城的延续，它的位置比秦长城靠南，是为了抵御蒙古骑兵而修建的。山海关大战后，清军入关，长城失去了其原有的作用。今天，许多长城遗迹也成为了人们旅游观光的风景区。

除了抵御外敌外，长城也见证了国家之间的文化交融。明朝时期的镇北台，成为了“蒙汉互市”的重要场所；清朝末期的土木堡一带，甚至举办过汽车拉力赛，迎来了意大利等国的赛车手。

最早的长城

河南楚方城，公元前 656 年

春秋时期出现了很多小国，小国之间经常打仗。为了抵御其他国家的攻击，各国开始修筑城墙。这就是长城最早的形态。

公元前 656 年，楚国受到了齐国的攻击。齐桓公带领多个盟国的军队围攻楚国。楚国当时的国君楚成王派使者前来询问齐桓公进攻的缘由，齐桓公说楚国没有向周天子周昭王交纳贡品，而且怀疑周昭王之死是楚国的过错。

不顾楚国使者的辩解，齐军继续前进，楚成王又派使者屈完再次谈判。这一次，齐桓公让盟军集结在一起，并让屈完与他坐在战车上阅兵，企图以己方强大的军力吓退楚国。面对压力，屈完表示，如果齐桓公用仁德服众，没有人不从，但如果用武力的话，楚国就会抗争到底。

楚国当时位于中原的东南部，地理位置具有很强的防御性。它的西北部和西南部分别依靠着山地和河流。中原地区的军队如果想要进攻楚国，就要克服这两大障碍。如果想要绕过障碍从东部或南部进攻，同样十分难走。因为那里当时都是十分荒凉的区域，对军力的消耗很大。齐桓公自知攻打楚国十分困难，最终没有发动战争，而是与楚国订立了盟约。

当年，楚国在北部边塞的崇山峻岭上修筑了众多方形城寨，以抵御他国进攻，它们被称为楚方城。人们认为楚方城是最早的长城，它代表着楚国人民抗争的决心。

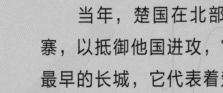

最早的长城

战车排列

★★★

计算思维

公元前656年春，齐国国君齐桓公率领同盟国军队攻打楚国，各国战车按一定顺序集结出发前往楚国。请你将数字1~9分配给每架战车，使得两架战车的数字之和正好等于前方战车的数字。

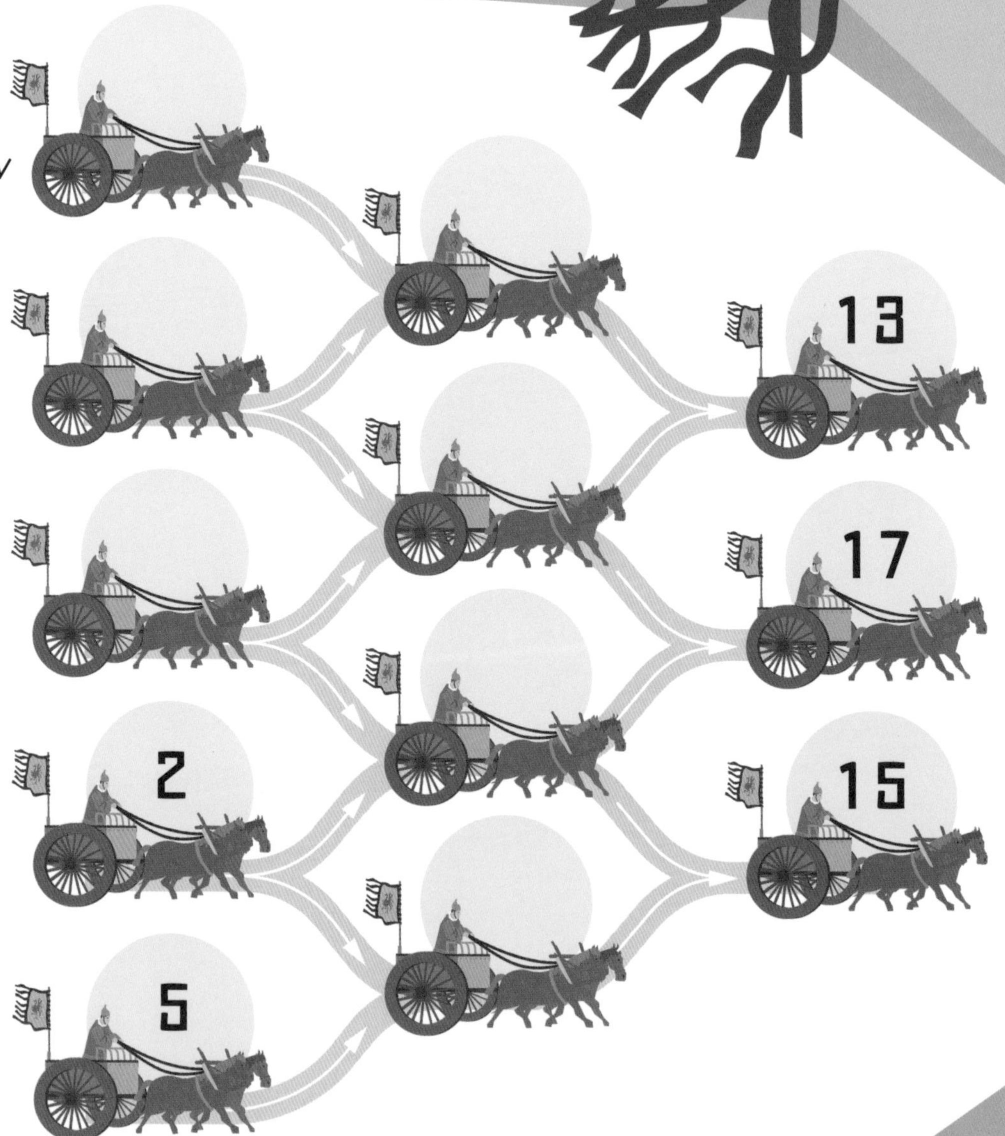

知识点

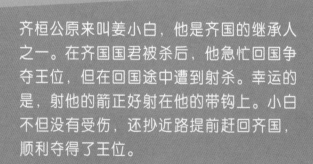

齐桓公原来叫姜小白，他是齐国的继承人之一。在齐国国君被杀后，他急忙回国争夺王位，但在回国途中遭到射杀。幸运的是，射他的箭正好射在他的带钩上。小白不但没有受伤，还抄近路提前赶回齐国，顺利夺得了王位。

最早的长城

城楼布兵

★★★★

符号思维、计算思维

长城是古代重要的防御工事，每个城楼上都会安排一定数量的士兵把守。假设相同城楼上安排的士兵数量相同，不同的城楼上安排的士兵数量不同。如图所示，每一行和每一列末尾的数字等于该行或该列中城楼上把守的士兵数量之和。你能得出各种城楼上安排的士兵人数吗？

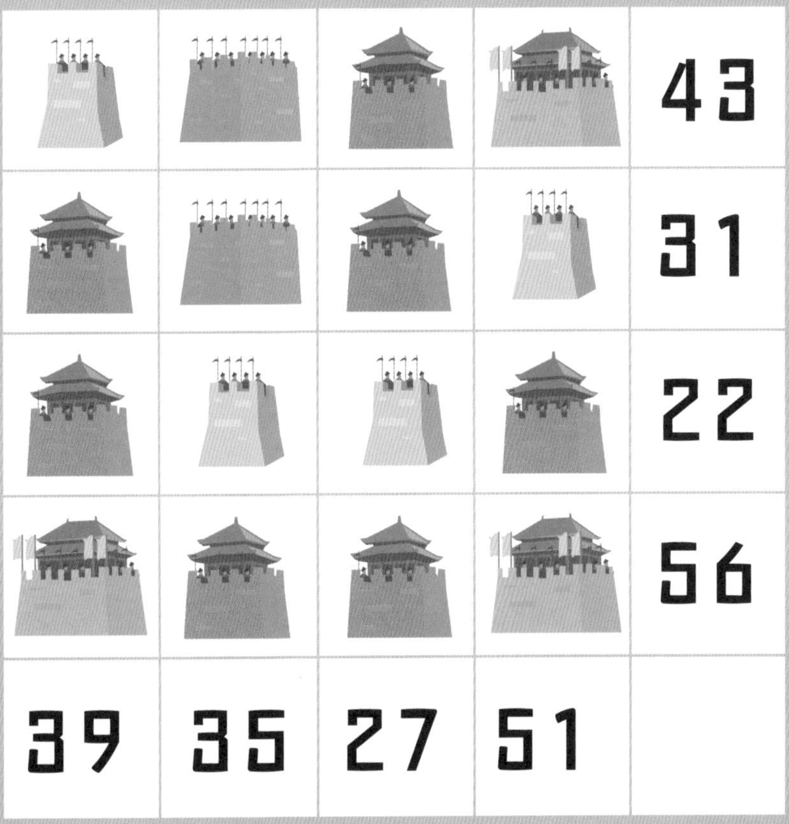

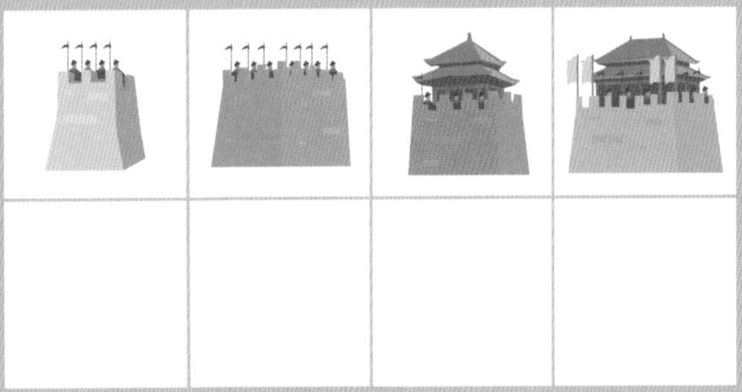

春秋战国时期，各诸侯国相互争夺霸权，纷纷修建长城巩固自身统治。秦国灭掉六国后将各国修建的长城连接起来，形成了绵延不绝的“万里长城”。

攻城计

★★★★★

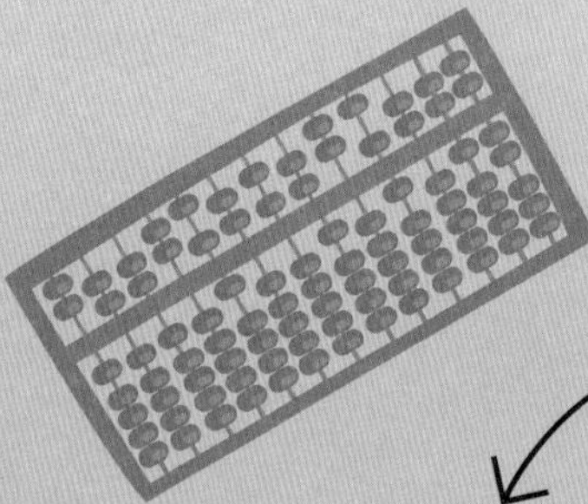

计算思维

虽然厚厚的城墙将攻城者挡在了外面，但攻城者仍然有办法进攻。除了攻击城门外，攻城者还会选择在城墙处利用云梯攀爬而上。如果一个士兵用云梯攻城，城楼有10米高，第一个10分钟他能向上爬3米，但下一个10分钟他就会因城楼上守兵的攻击而下滑2米，以此类推。请问该士兵需要多少时间才能攻上城楼?

在古代，军队在攻城时通常分为两个阶段。首先，攻城者会用投石车和弓弩攻击守城方。当守城方的精力全部用于应对这些人时，攻城方再派出两路士兵攻城：一路士兵将云梯搭在城墙上攀爬上去，另一路则用巨木撞击城门。

最早的长城

巡视堡垒

★★★★★

空间思维

公元前656年，齐桓公同其他国家组成军事联盟进攻楚国，他们来到南阳的城墙要塞。齐桓公邀请楚成王派来的使者屈完同乘一车阅兵，目的是向屈完展示强大的军力。假设屈完与齐桓公乘坐四马双轮战车巡视了9座堡垒，途中共转向4次。你能设计出行车路线，使他们经过所有堡垒而只需要转向3次吗？

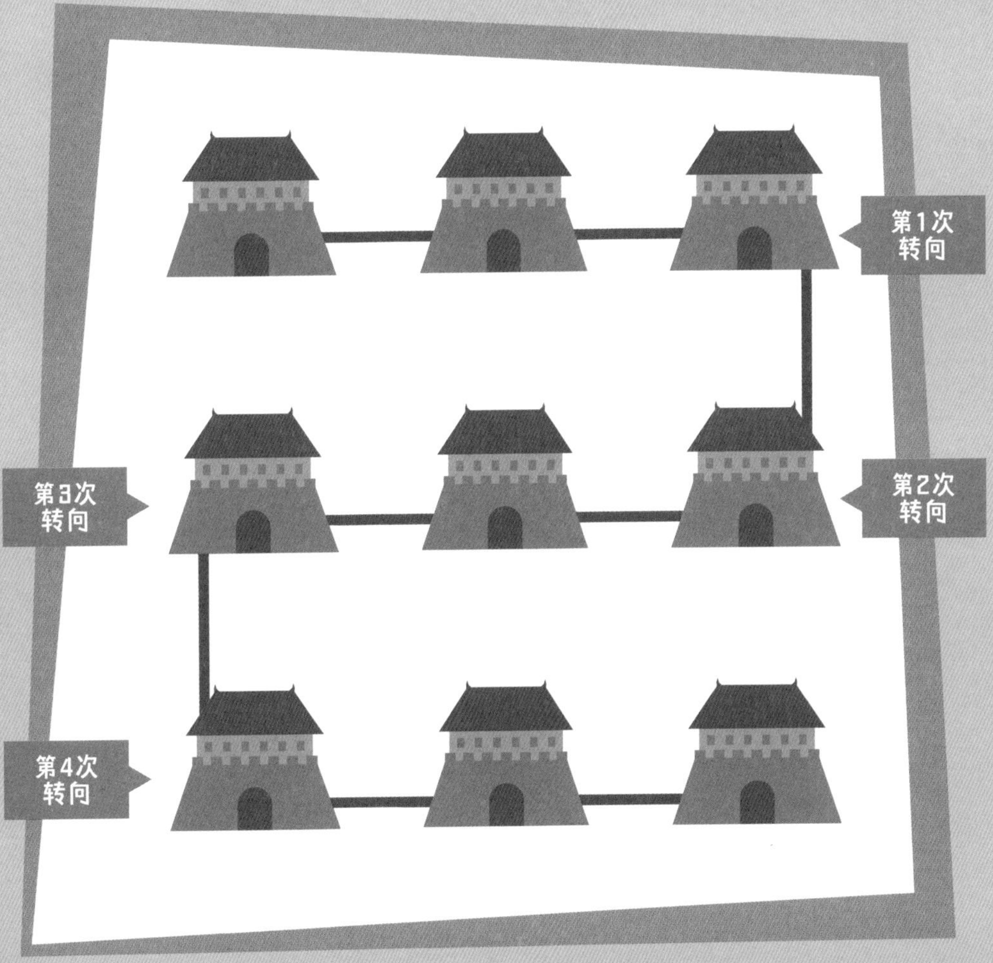

知识点

四马双轮战车是战国时期一种重要的攻击车辆，后因具有许多无法克服的缺点，逐渐被历史淘汰。首先，车体仅靠榫卯结构连接，极易损坏。其次，一人驾驭四马，驾驭难度高。因此，笨重的战车只能在空旷平坦的地方使用，无法在复杂地形处行驶。

秦始皇筑长城

内蒙古秦长城，公元前 210 年

秦始皇统一天下后，北部的边境不时会受到来自匈奴的侵扰。这时，秦始皇想到一个主意：与其把国与国之间相互阻隔的长城全部拆掉，不如将其中靠近北方的几段连接起来，建成一条完整的长城。这条长城是在原先战国时期的秦长城、赵长城和燕长城的基础上修建的，史称“万里长城”。

从公元前 215 年开始，秦始皇就派蒙恬对长城的修建进行监督。修长城需要动用大量人力和物力。人们通常就地取材。秦朝的核心地带位于陕西地区，方便从周围的山地中开采石料。因此，当时的民夫会把山石切割下来，经过整修后再堆起来形成城墙。除了军队需要投入人力外，秦朝每年还要征发数十万百姓修建工程，这引起了百姓的不满。

经过多年的严寒与酷暑，长城终于修建好了。它成功地将匈奴挡在了外面，让秦朝有了一个和平安定的内部环境，但却因耗费了大量的人力和物力，给人民带来了苦难和牺牲。

秦始皇筑长城

秦朝旗帜

★★★

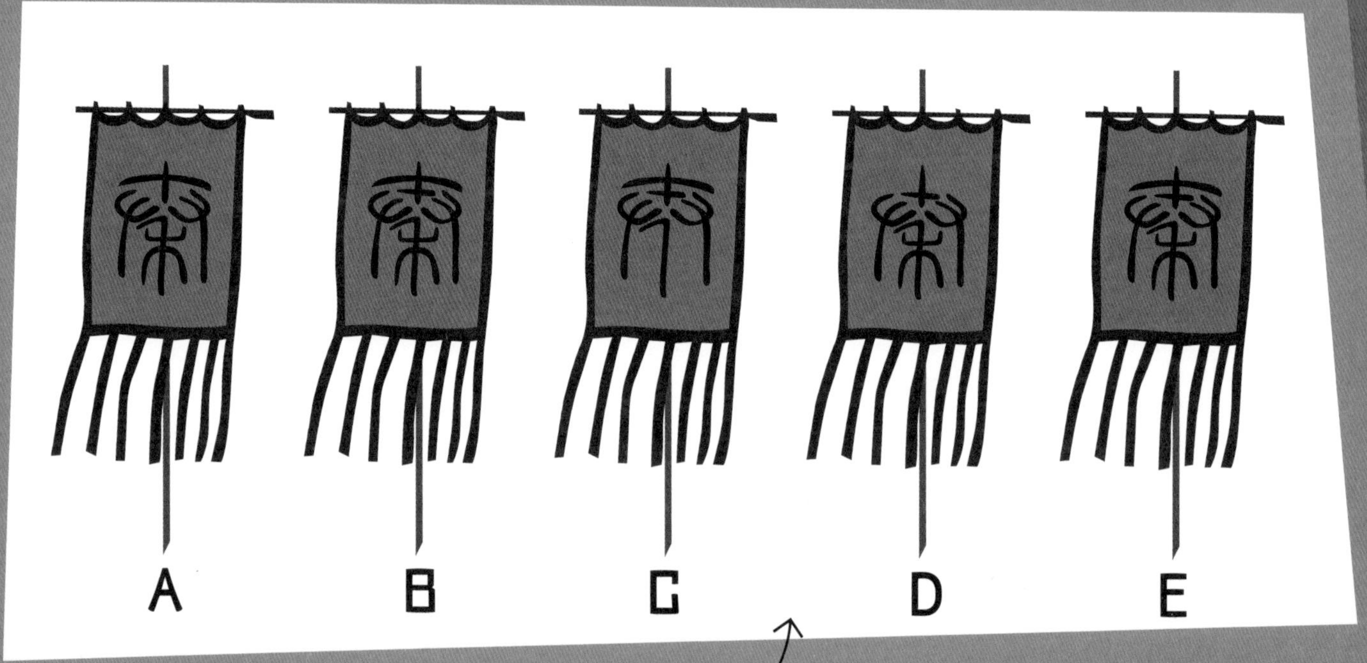

观察力

秦王嬴政先后灭韩、赵、魏、楚、燕、齐六国。公元前 221 年，嬴政称帝，史称“秦始皇”，他建立了中国历史上第一个统一的封建王朝。自此，广阔的中原地区都插上了秦朝的旗帜。你能从以上旗帜中找出完全相同的两面吗？

知识点

秦始皇统一天下后下令让李斯等人进行文字的统一工作，也就是让国内百姓都使用同一种文字。李斯简化了战国时秦人通用的大篆，创造出一种新文字，它被称为“小篆”。这种文字成为了秦朝的官方文字，国家取消了其他六国文字。

做晚饭

逻辑思维

★★★★★

蒙恬召集了一大批士兵、劳工和罪犯来修新的长城。劳工们全天都要被迫做苦力，却只能得到一点食物。两名伙夫正在用釜做晚饭。有一道菜，制作时只能煮16分钟，多则过烂，少则未熟。假设有两个沙漏，其中一个沙漏中的沙子全部漏完需要18分钟，另一个沙漏中的沙子全部漏完需要10分钟。你知道用什么方法可以刚好计时16分钟吗？

宋朝以前，平民百姓使用陶制炊具做饭，但是陶具的导热性不太好，受热慢且不均匀，做出来的食物并不好吃。直到北宋时期，冶铁技术得到大力发展，人们才开始使用铁锅，也才发展出如今丰富多样的美食。

秦始皇筑长城

逃跑的民工

★★★

空间思维

《史记》中曾记载，万里长城的修建耗费了大量的人力物力，使得无数民众妻离子散，民怨沸腾。三位劳工不堪忍受日复一日艰辛的劳作，决定趁官兵们半夜熟睡之际逃跑。三人分别走了三条路，你知道哪位劳工可以幸运地逃出官兵的追捕吗?

知识点

孟姜女哭长城是中国民间四大爱情故事之一。孟姜女的新婚丈夫因为被抓去修长城而死。伤心欲绝的孟姜女来到长城边痛哭起来，不知哭了多久，忽然听见轰隆隆的巨响，原来长城因为孟姜女的哭声竟然崩塌了数十里。

石块开采

★★★★

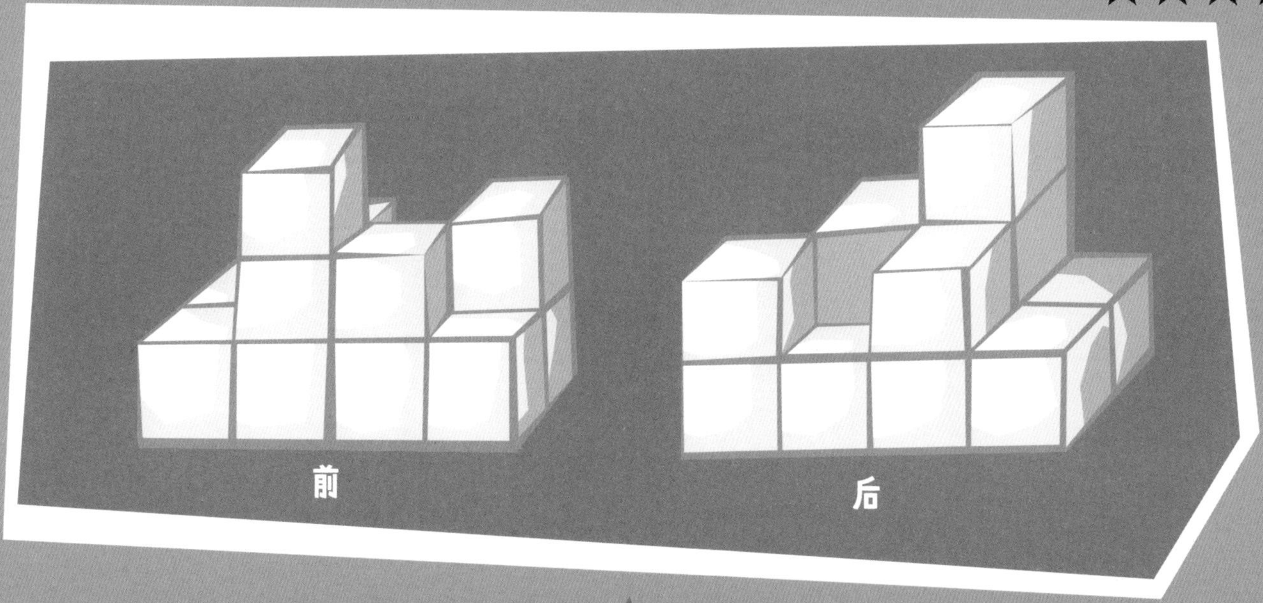

?__块

空间思维

修建长城的材料大多根据当地的地理条件来定，主要是土、石头和木料等等。劳工开采石块后，还要先将石块磨平才能在修建长城时使用。上图是劳工们刚刚磨平的石块，左图为从前往后看的样子，右图为从后往前看的样子。请你数一数，这里一共有多少石块?

长城也有很多其他称呼。例如，春秋战国时期的楚国长城被称为“方城”，金长城被称为“界壕”，明朝时期的人们用“边墙”、“边垣”等词指代长城。

白登之围

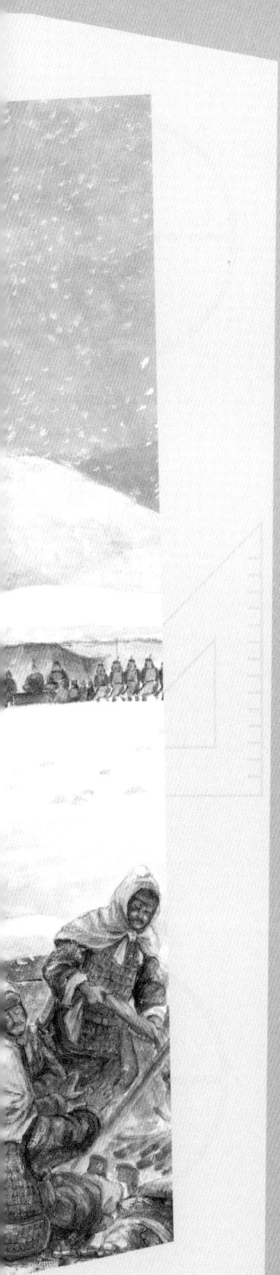

山西白登山，公元前 200 年

公元前 202 年，刘邦正式称帝，建立了汉朝。此前，整个中国经历了多年的内乱。北方的长城自秦朝灭亡后，也不再有军队守卫，城墙更是年久失修，这也给了北方的匈奴入侵的机会。

公元前 200 年，汉朝分封的诸侯韩王信害怕自己被刘邦杀害，于是与匈奴联合起来，准备反叛。刘邦得知后，决定亲自出征，平定叛乱。刘邦刚与敌人交手时，接连取得胜利。这时，他产生了轻敌的想法。他派使臣偷偷侦查匈奴的实力，在得知只有一些老弱残兵后，不顾谋士的阻拦，率先前行。这时，冒顿单于在白登山设下了埋伏，将刘邦和随行的士兵围困起来。刘邦的大军还没有赶到，他几次想要突围都没有成功。

此时，已经过去了七天，粮草即将耗尽。刘邦的一位谋士闻知冒顿单于对妻子阏氏十分宠爱，于是建议用金银财宝贿赂她。在阏氏的劝说下，冒顿单于让围攻的军队放开一道通路，刘邦得以脱险。

刘邦虽然在白登之围后化险为夷，但此次遇险提醒了他和后来的汉朝统治者，长城对保卫汉朝的领土安全十分重要。因此，汉朝后来不但修复了秦长城，还增修了汉长城，增强了对北方边境的守卫。

白登山下的会议

★★★★

专注力、观察力

公元前200年，汉高祖刘邦亲率士兵迎击匈奴，却被围困在平城附近的白登山。刘邦与众大臣正在商议脱困之法，请你仔细观察这两幅图，你能找出其中的9处不同吗？

知识点

匈奴日常除了放牧，就是在边境地区掠夺。他们趁秦末天下大乱之际，迅速壮大崛起。这股势力也严重威胁到汉朝的统治，因此汉高祖刘邦选择御驾亲征，抗击匈奴。

白登之围

缴获的兵器

★★★

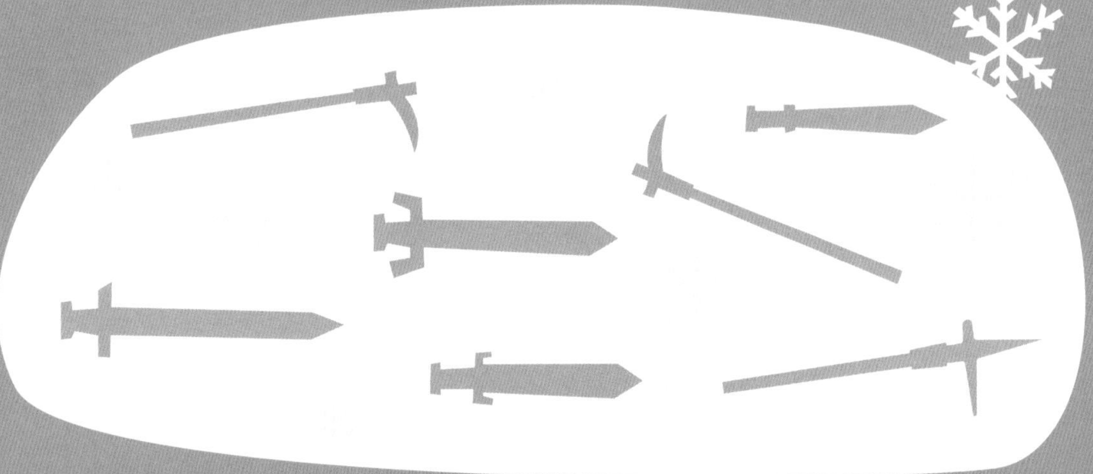

观察力

匈奴骑兵在白登山围困着受冻伤之苦的汉朝士兵达一周之久。左侧是匈奴缴获的汉朝士兵的兵器，其中有一部分在雪地上留下了痕迹。你能找出哪几种兵器没有在雪地上留下痕迹吗?

刘邦派使臣们去打探匈奴军情。他们看到匈奴兵全是老弱病残，都以为可以一举拿下。而娄敬却认为两国交战时应该展现最精锐的兵力，但匈奴却相反，其中必定有诈。刘邦没有听从娄敬的劝告，而是坚持攻打匈奴，果然中计被困。

白登之围

谁是使者

★★★★★

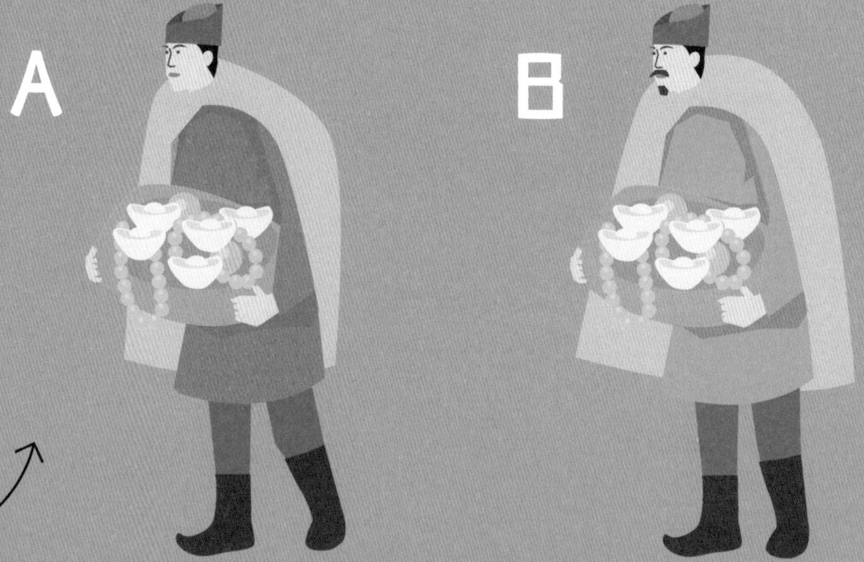

逻辑思维

汉高祖刘邦被困于平城附近的白登山，经过紧急商议，决定派出 1~2 名使者携带金银珠宝前去与匈奴谈判议和。初定人选集中在 A 和 B 两人身上，军中于是传来以下猜测：

1. A 会被选中；
2. 如果 A 被选中，那么 B 就不会被选中；
3. 只有 A 被选中，B 才会被选中；
4. 两人都会被选中。

如果四种猜测中只有一种正确，你知道谁会被选为与匈奴谈判的使者吗？

韩信、张良等汉初名将为什么没有参与这次攻打匈奴的战役呢？韩信因为有人告发他窝藏项羽的余党，此时正被软禁在洛阳。张良因为知道“鸟尽弓藏，兔死狗烹”的道理，在刘邦称帝后，就闭门不出，不问世事了。

白登之围

雪地轨迹

★★★

空间思维

谋士陈平献计，提议贿赂阏氏。满满一车的礼物被送往阏氏的住处，但是路面上所有的路标都被大雪覆盖，只留下车辆走过的轨迹。其中，只有一条轨迹通往阏氏的住处，你能帮助他们找出那条轨迹并顺利到达目的地吗?

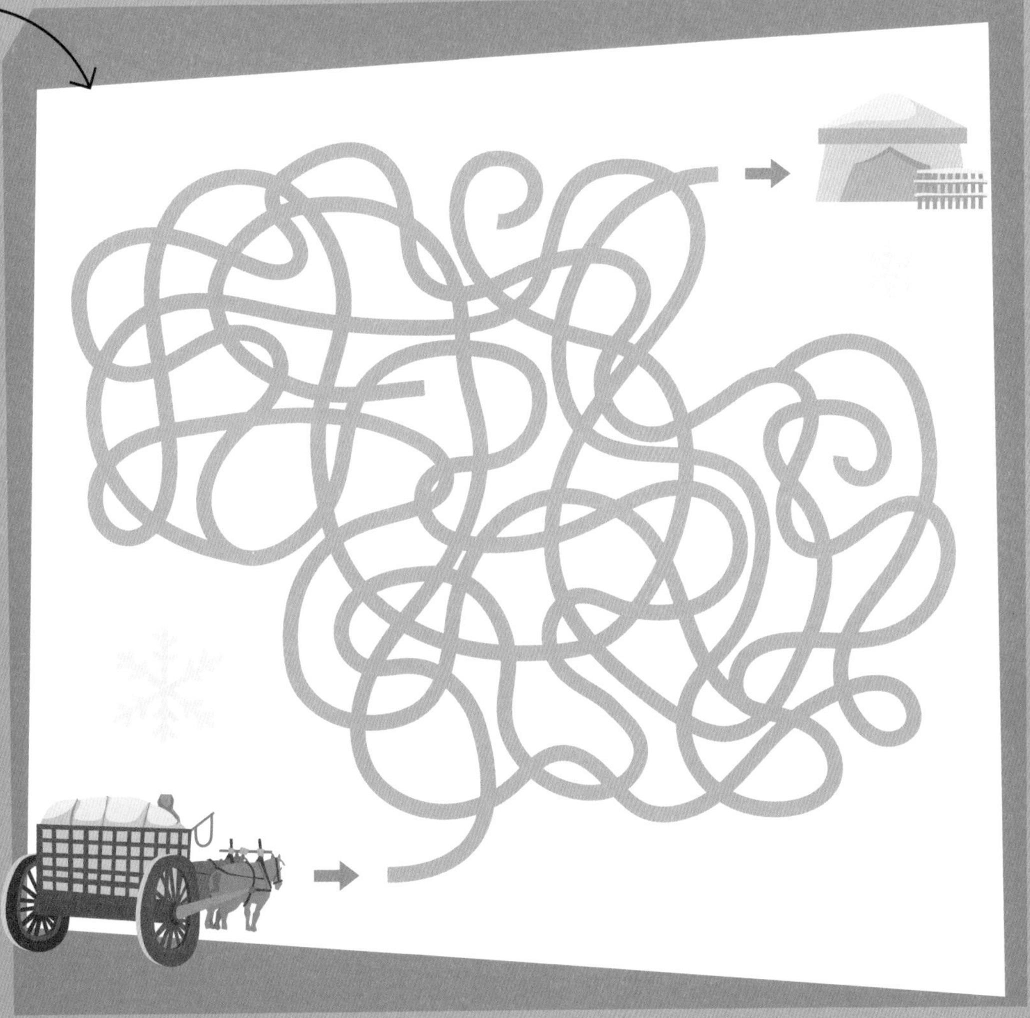

知识点

白登之围后，匈奴和汉朝虽然订立了盟约，但是冒顿单于却没有遵守约定，多次在边界地区进行劫掠活动。刘邦不愿再发动战争，决定将公主嫁给匈奴和亲。之后，两国的关系才得到暂时的缓和。

韓

边塞运动会

内蒙古居延塞，公元前 99 年

汉朝时期，为了进一步加强边塞的防御能力，朝廷在今内蒙古、甘肃一带修建了居延塞长城。这里不仅是士兵守卫的地方，也是操练军队的基地。

居延塞的外围有两道墙，中间是平坦的细沙，士兵们每天都要将这层细沙弄平整。这是为了侦查是否有可疑人物靠近居延塞。如果有人进出，就会在细沙上留下脚印。汉朝边境上常见的另一防御措施，是在墙外放置几排削尖的木桩，阻止入侵者接近。

每年秋天，居延塞都会举办“秋射”，也就是军事体育活动。“秋射”的项目包括赛马、摔跤、骑射等。士兵们使用的器械规格统一，而且有着严格的比赛规则，保证竞赛的公平。“秋射”的主要目的是筛查并惩罚不合格的士兵，同时对比赛成绩优秀的士兵进行奖励，从而选拔出军中的人才。

汉朝的长城已经不再是被动的防御工事，而是汉朝军队抵御匈奴的准备基地。它代表着汉朝对自己强盛国力的自信和坚决反击侵略的实力。

边塞运动会

军事大赛

★★★

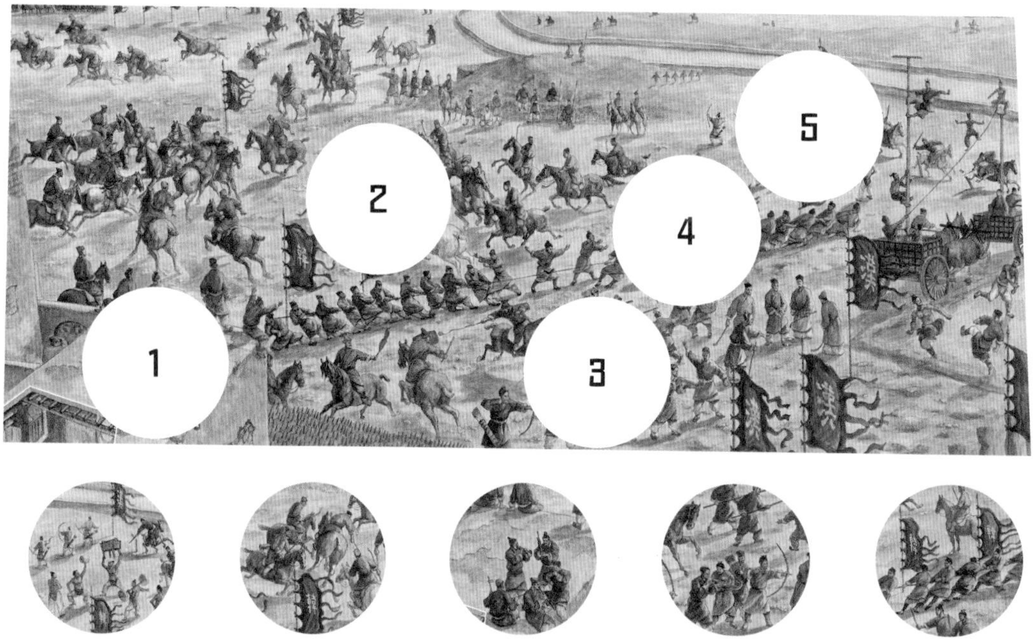

A　B　C　D　E

观察力、专注力

在汉武帝的统治下，汉朝拓展了中国的疆域，不仅重建了长城，还将其西延至戈壁沙漠。公元前99年，居延塞正在举行年度军事大赛。高耸的烽火台下，两支队伍正在进行拔河比赛。在别处，还有马球、射箭、扛鼎等比赛项目，还有人在吹乐器。这些项目不仅有趣，而且是很有价值的军事训练。请你将圆圈中的图对应到空白圆圈处，使上图能够拼成一个完整的画面。

知识点

汉朝有三位抗击匈奴的名将，他们是李广、卫青和霍去病。李广让匈奴不敢进犯边境，卫青收复了被匈奴侵占的土地，霍去病擅长骑射和用兵谋略。

边塞运动会

赛马

★★★★

计算思维

在居延塞，年度军事大赛项目繁多，简直就是一个小型奥运会。下图是居延塞上广受关注的赛马项目。已知参赛的有 6 匹马，去掉 1 匹马后，其他马匹身上的数字之和等于 100，而被去掉的这匹马最后赢得了比赛。你能算出是哪匹马最后赢了比赛吗?

相传，汗血宝马能够“日行千里，夜行八百”，跑得非常快。汉武帝酷爱汗血宝马，曾经为了得到它，向大宛国发动了两场大规模的战争。

边塞运动会

十字弩训练

★★★

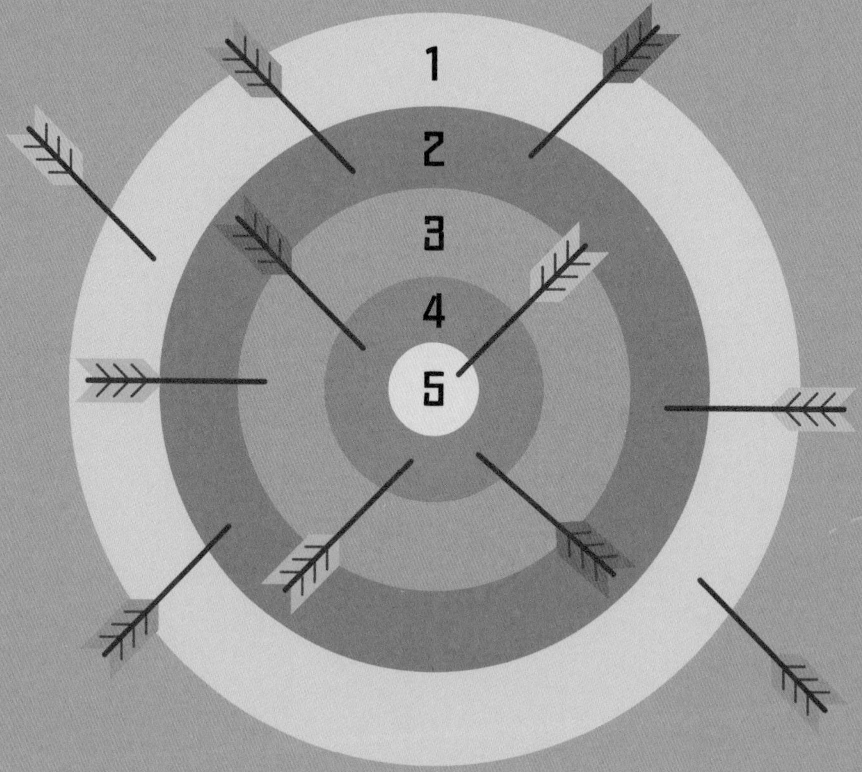

计算思维

汉武帝在边塞地区筑城设防主要有两个目的：战争时期，这里可作为进攻匈奴的基地；和平时期，这里可以屯田、养马和训练士兵。右图是A、B、C、D四位射手的十字弩成绩，你能算出他们的得分分别是多少吗？

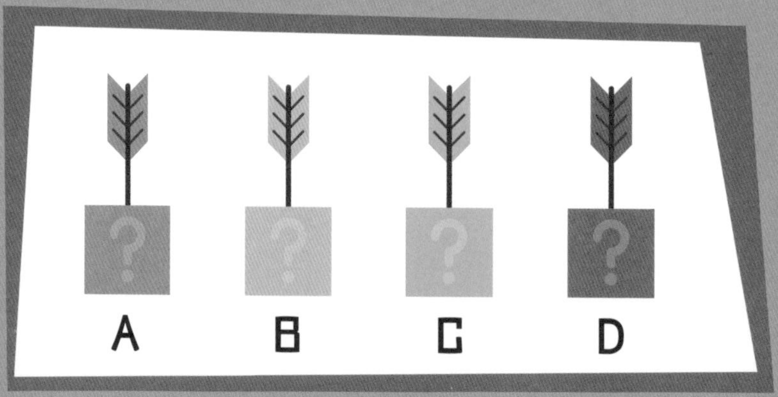

虽然相比于弓，弩更加笨重并且装填时间长很多，但弩能射得更远，命中率更高。有的弩还可以数箭齐发，因此被大规模用于古代战场。

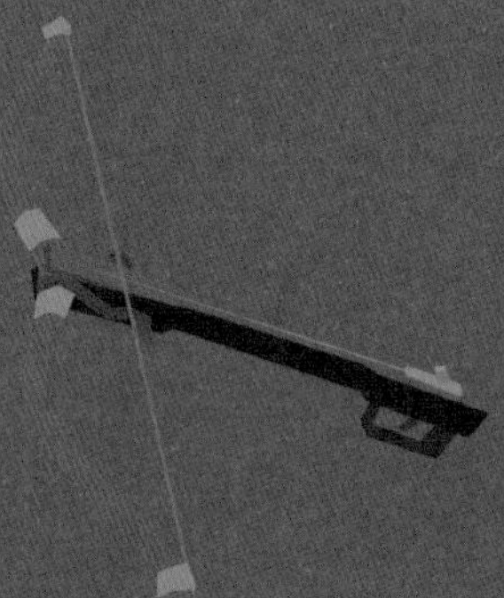

天田

★★★

空间思维

在烽燧周围设有防御设施“天田”，这是用细沙铺成的一条路。守兵们每天用耙把沙子铺平，再根据天田中留下的印迹就可以判断是否有敌人入侵。天田一般宽 2~4 米，这个距离刚好不易被识别，又能让入侵者留下印迹。以下是一天清晨，天田中留下的 6 架马车的印迹，你能重新设计一下车轮的痕迹，使每一条痕迹都与其他 5 条相交吗？

知识点

当敌人在天田留下脚印后，脚印处会被风不断吹入蓬松的沙子。时间越长，吹入的沙子越多。因此根据蓬松的沙子的多少，就可以判断留下脚印的时间了。

烽燧下的“泼水节”

新疆克孜尔尕哈烽燧，629 年

唐朝时期，高僧玄奘在经过安西都护府所管辖的克孜尔尕哈烽燧时，恰好赶上龟兹人举行行像节。“克孜尔尕哈”在突厥语中的意思是“红色哨卡”。烽燧的修建时间可追溯到汉朝。烽燧呈梯形，高约为 13 米。

汉唐相隔几百年，烽燧附近的面貌早已发生了翻天覆地的改变，但丝绸之路上的文化交流盛景却十分相似。当时的人们很难想象，龟兹人在行像节上跳的乞寒舞，后来传入中原，又传入云南和东南亚，成为了今日众所周知的泼水节上的一种习俗。

虽然这座烽燧最初修建时是用于通过烽火来向远方通报敌情，但在玄奘途经此处的时候，他看到的却是一派如此繁荣而热闹的景象。唐朝是一个统一的多民族国家，长城保护着丝绸之路和边塞地区人民的安全，也促进了文化多样性的发展。各种文化在大唐的土地上自由地交流与传播，当年的烽燧也变成了西域与中原之间友好交流的见证。

烽燧下的“泼水节”

玄奘取经

★★★★

观察力、专注力

玄奘在经过龟兹国时，人们像对待英雄一样欢迎他的到来。出于尊敬，龟兹国王摘下王冠、脱下靴子来欢迎玄奘。你能发现这两幅图中的 6 处不同之处吗？

知识点

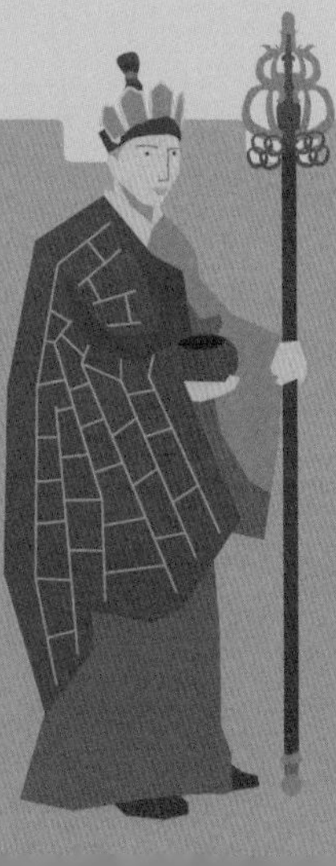

玄奘是中国四大古典名著之一《西游记》中唐僧的原型。出家后，玄奘废寝忘食地研读佛经，13 岁时就可以讲经了。由于小小年纪就对所读佛经理解透彻，他也被人们称为“佛门千里驹”。

烽燧下的“泼水节”

桶中水

★★★

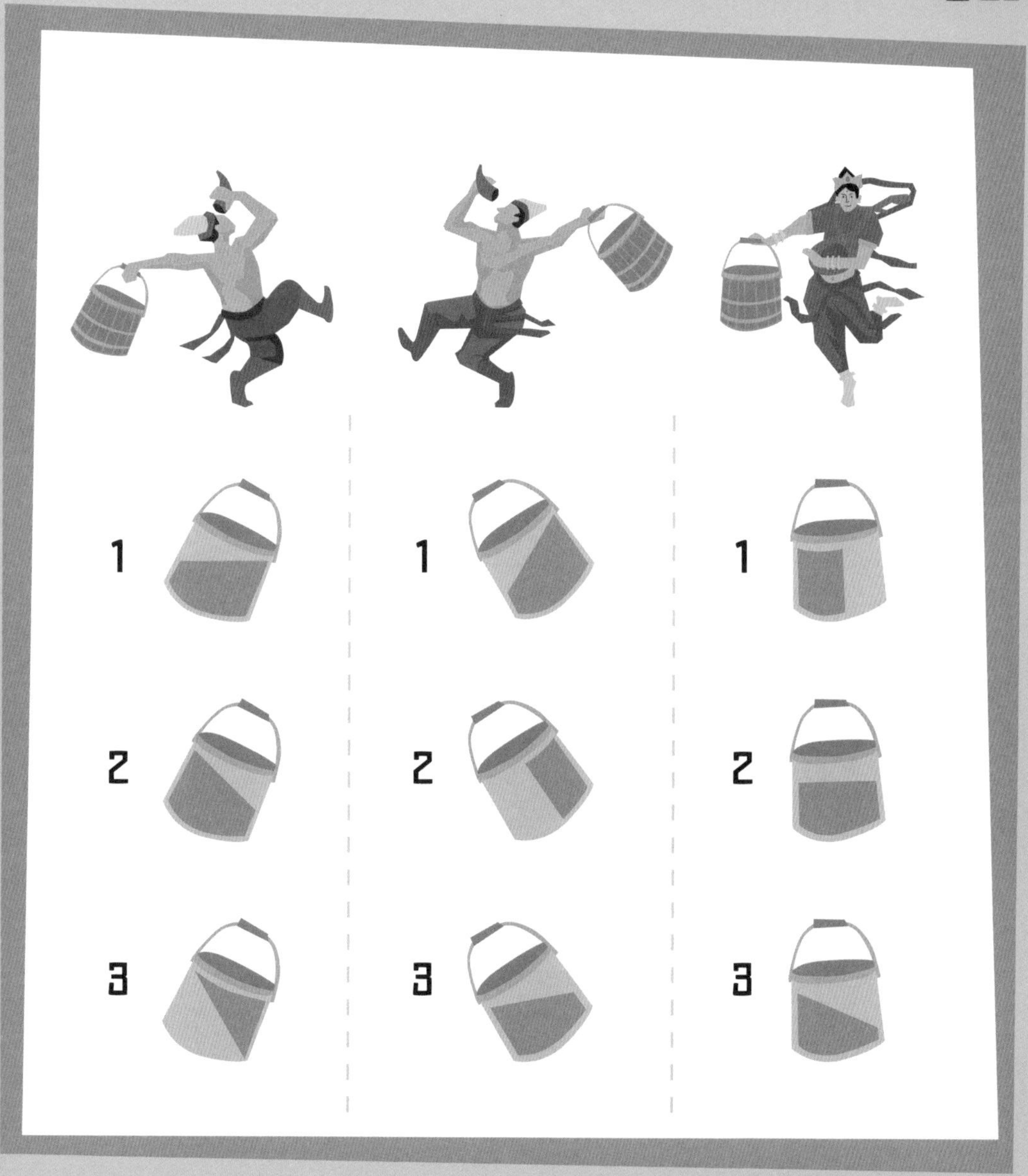

空间想象力

每逢盛大的节日，龟兹国的男女伴着羯鼓、琵琶、五弦、笛子等多种乐器载歌载舞。左图的3位舞者手里都拿着一个水桶，你能将舞者的姿势与水桶中水的状态进行匹配吗？

胡旋舞是从西域传到中原的一种女子舞蹈，这种舞蹈有很多旋转动作，因此叫作“胡旋”。胡旋舞节奏明快，曾经流行于唐朝时期。

烽燧下的“泼水节”

泼水节

★★★★★

逻辑思维

龟兹国的乞寒舞传入中原后，又由中原传到了云南和东南亚，逐渐演变成后来泼水节的一种习俗。庆祝活动开始后，人们相互泼水表达祝福。如果你想参加泼水节，但只能带4升水。假设你有两个容器，一个容器最多装5升水，另一个容器最多装7升水。你有办法得到4升水吗？

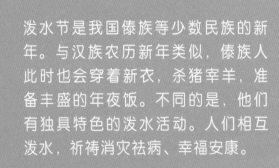

泼水节是我国傣族等少数民族的新年。与汉族农历新年类似，傣族人此时也会穿着新衣，杀猪宰羊，准备丰盛的年夜饭。不同的是，他们有独具特色的泼水活动。人们相互泼水，祈祷消灾祛病、幸福安康。

烽燧下的“泼水节”

弹力皮球

★★★★

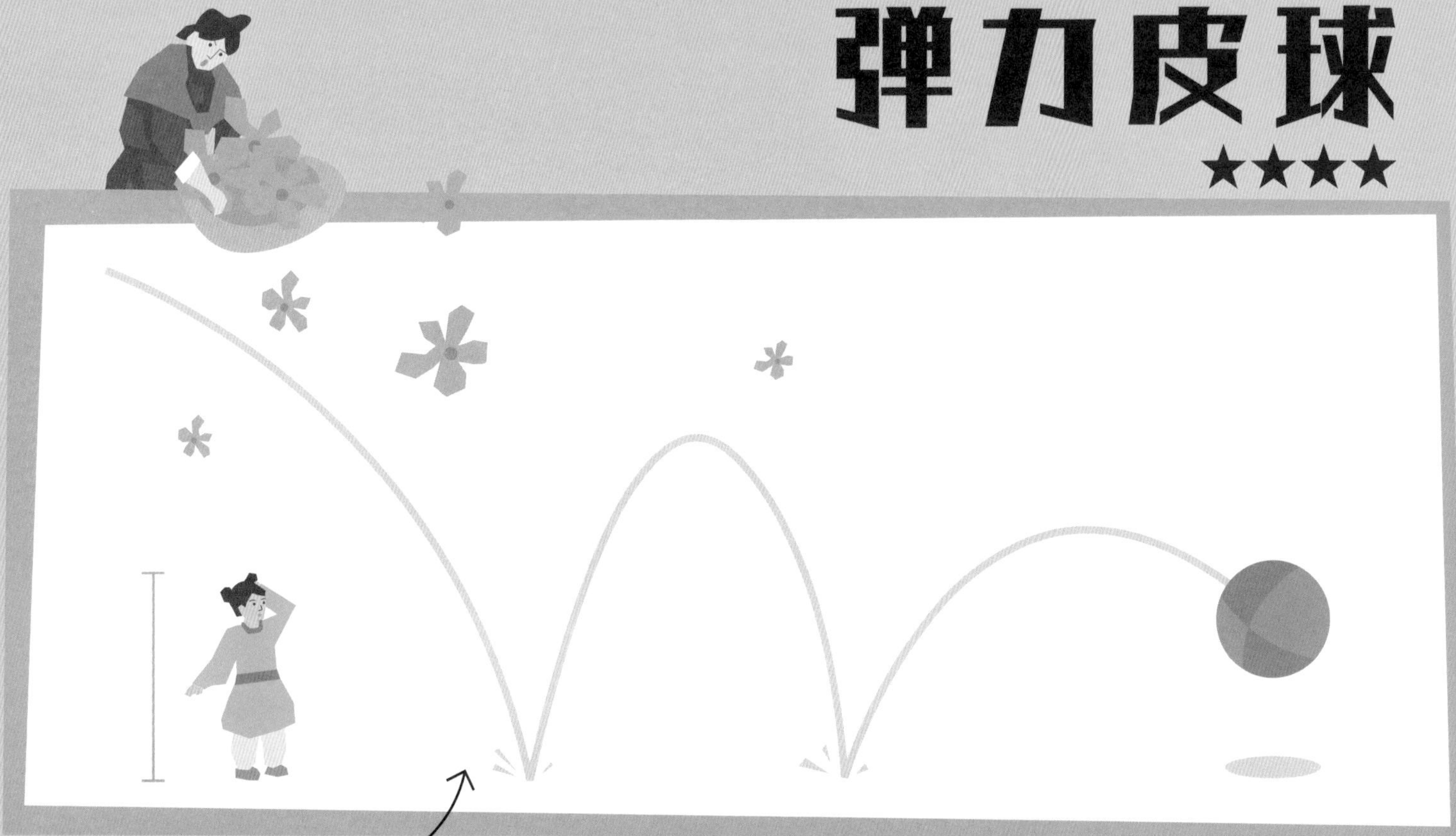

计算思维

每逢龟兹国重大节日之时，龟兹王后都会在城楼上欣赏举国欢腾的盛大景象。王后的侍从们会将鲜花撒向下面的狂欢者，其中有一个调皮的侍女不小心将自己亲手做的小球扔了下去。这只小球由特殊皮料制作，每次碰到地面时，会反弹到上一次离地最大高度的一半。已知该侍女从 12 米高的地方往下扔小球，请问小球在最大高度为 0.75 米时已经在地面上弹起了几次?

知识点

烽燧也叫烽火台，是古代边境地区的报警设施。它通常与长城一同存在，但也有独立发挥作用的。例如，新疆的烽燧起到了捍卫丝绸之路的作用。烽燧是古代传递军事信息最快也最有效的方法。

草原上的战壕

黑龙江金界壕，1138 年

人们印象中的长城大多有高高的墙壁，依山而建，阻挡着城外的敌人。但在黑龙江有一座十分特别的长城——金界壕，它是在平地上建起来的，城墙外有一条较深的沟。这是金朝时期女真人为了阻挡蒙古骑兵修筑的。

女真人大多生活在草原地带，擅长骑马。1115 年，女真领袖完颜阿骨打建立金朝。他们需要抵御的其中一个敌人就是蒙古骑兵。由于蒙古骑兵也十分擅长骑马，所以女真人就在城墙外修了一条沟，这样马匹就不容易冲过来了。金界壕分为三部分：最外面是外壕和副墙，再向里一层是内壕和主墙，最里面是边堡。

尽管这样的长城看起来防守严密，但由于城墙大部分是土做的，而靠近沙漠的地带又经常刮风，所以城墙很容易被风沙淹没。另外，墙外的沟用柴草和沙土就可以填平。金界壕建成没有几年就失去了它的功能。

女真人虽然是游牧民族，却也被中原文化影响着，这座带有女真特色的长城就是一个证明。

草原上的战壕

金长城的修筑

★★★

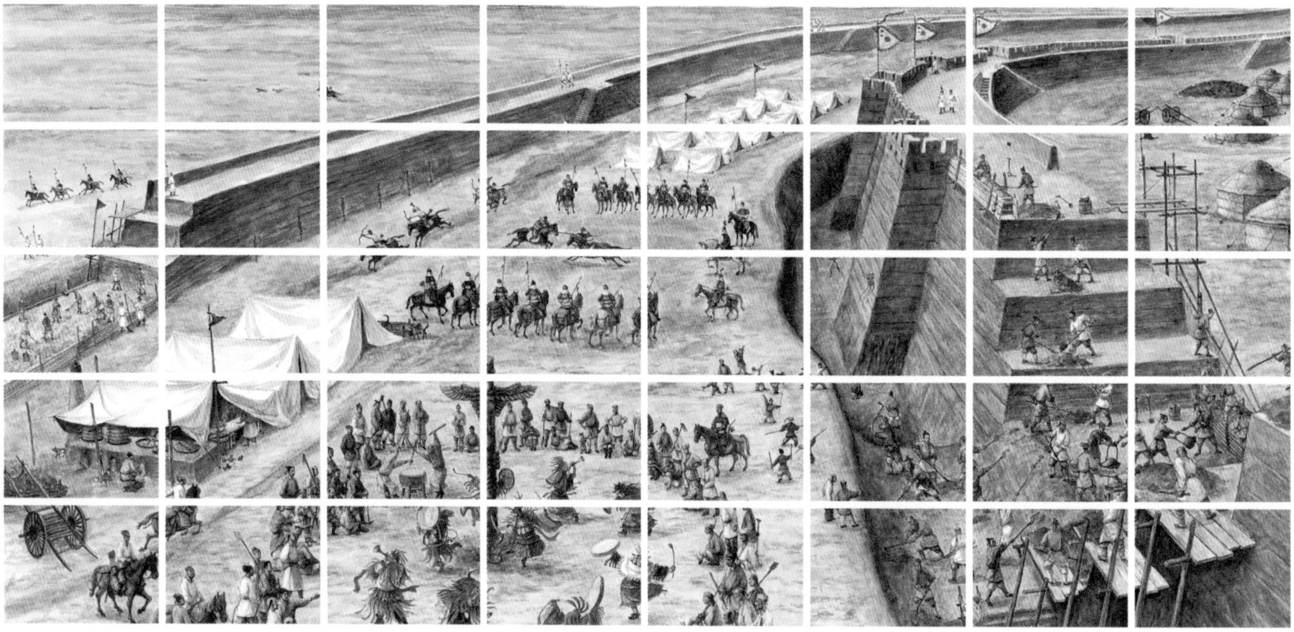

A

B

C

D

E

F

观察力、专注力

上图绘制了金长城建造时的画面，以上 A~F 六幅图中，哪幅不是来自于上面的全局图呢？

知识点

在我国历史上，几乎没有修建长城的大一统王朝有三个，它们分别是唐朝、元朝和清朝。

骑射训练

★★★★

逻辑思维

在挖壕沟、建高墙抵御蒙古人攻击的同时，金朝的女真人也不忘加强对边境士兵的训练。左图是指挥官完颜宗弼正在对女真骑兵进行骑射训练。请你根据已知条件将 4 位骑兵与他们的排名用直线连接起来。

已知：1. 战狼号骑兵不是最后一名；
2. 以“狼”命名的骑兵都不是第一名；
3. 游龙号骑兵排在以“狼”命名的两个骑兵之间。

秦、汉和明长城都建造在地形险要的交通要道上，地形优势可以形成天然的防御屏障。但是金长城大多修筑在草原和荒漠地区，很容易被风沙侵蚀和掩埋，因此防御能力远远低于其他长城。

萨满仪式

★★★

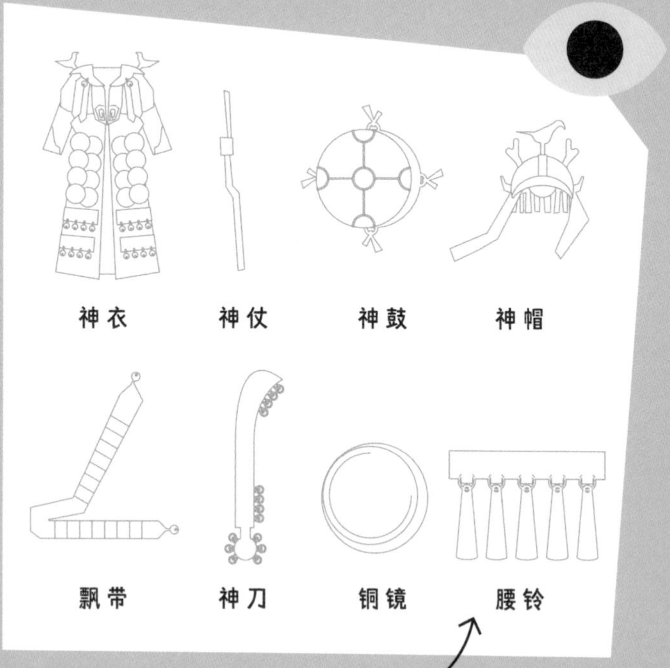

观察力、专注力

萨满法师们正在举行祭祀仪式，他们围着图腾柱跳舞，穿着饰有铜镜和铃铛的鲜艳服饰，头戴有动物的角或皮毛装饰的神帽。请你观察右侧几组装备，哪一组包含了图中萨满的全部装备？

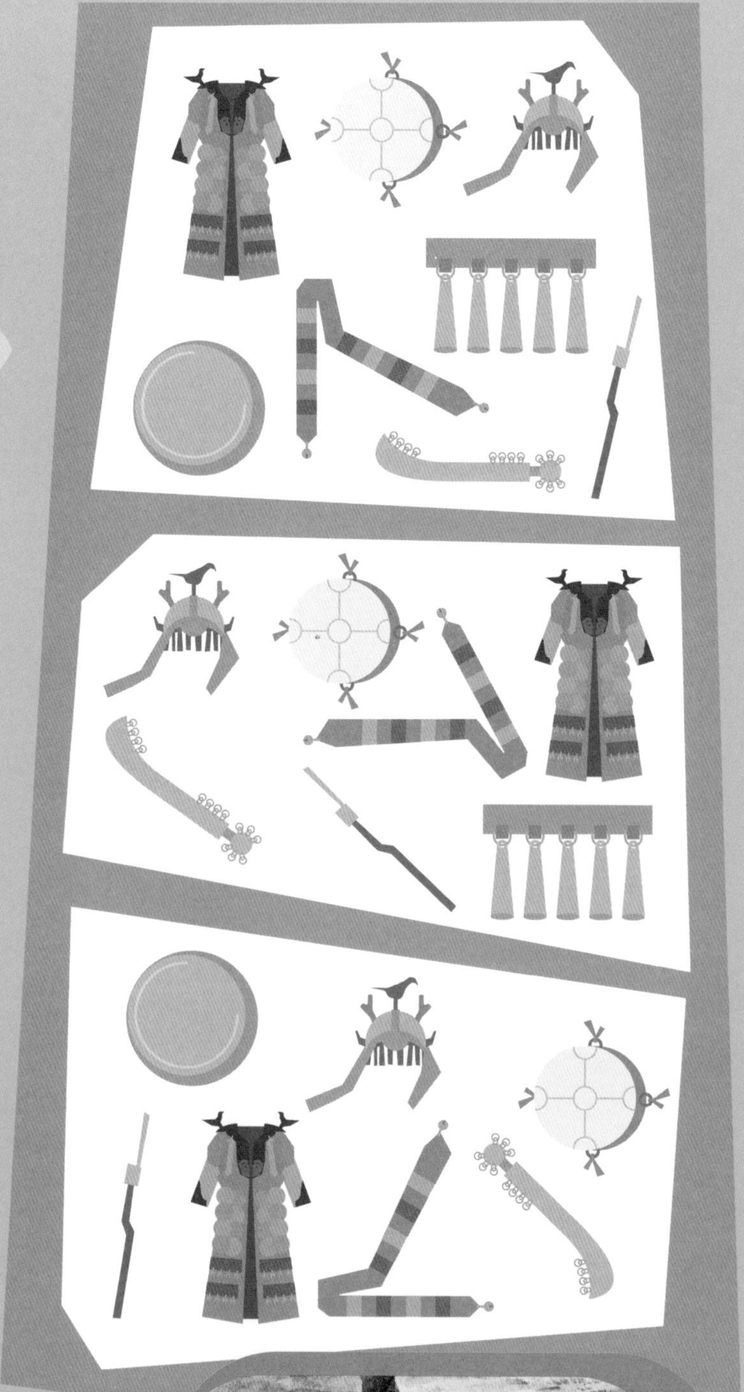

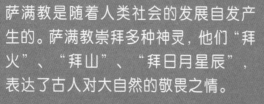

萨满教是随着人类社会的发展自发产生的。萨满教崇拜多种神灵，他们“拜火”、“拜山”、“拜日月星辰”，表达了古人对大自然的敬畏之情。

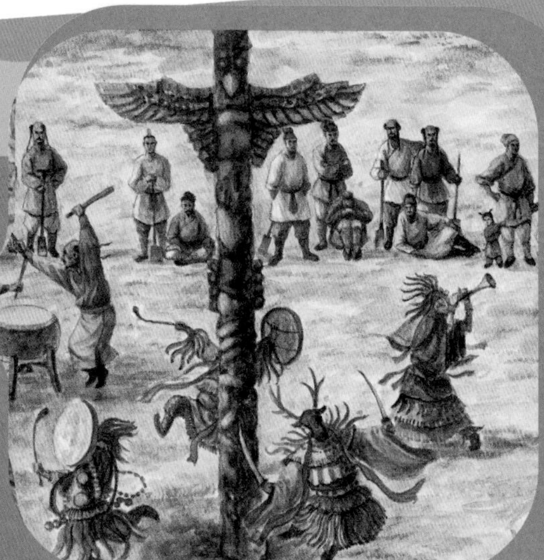

提水装置

★★★★

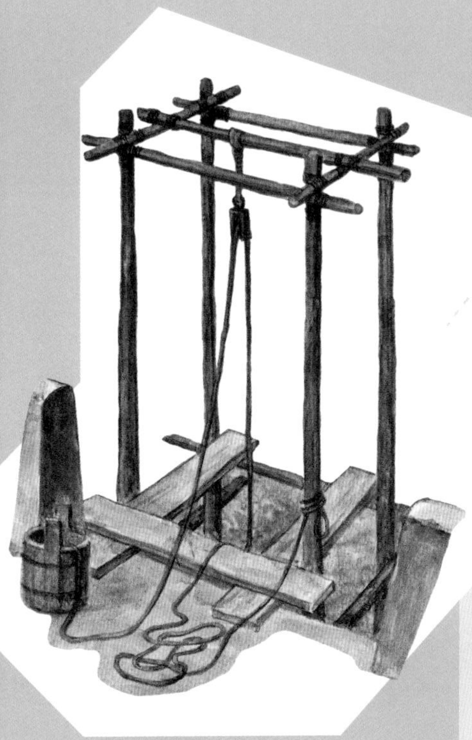

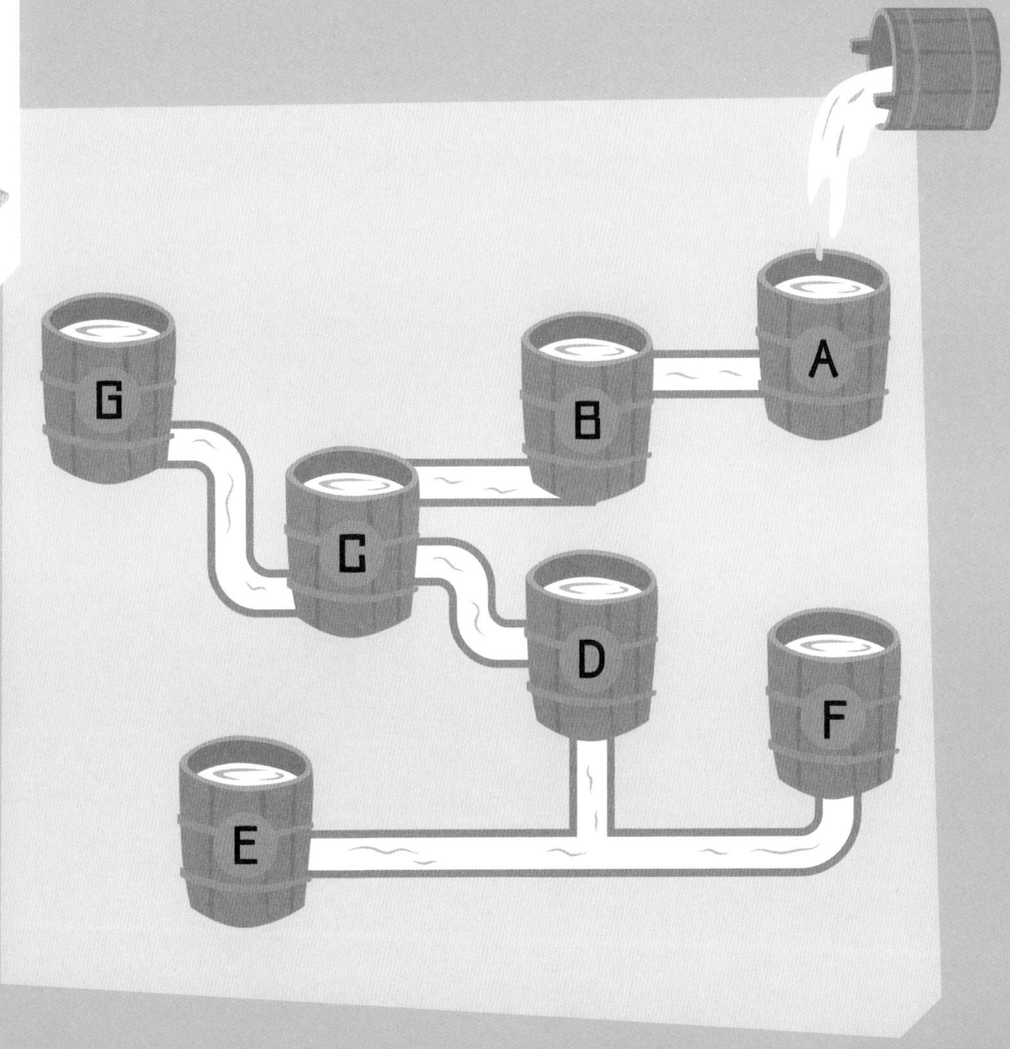

逻辑思维

在古代，人们利用提水装置打水，也就是利用轮轴将水从低处运到高处。如果用这个装置打水，然后使水源源不断地从 A 桶流入其余的木桶中。若每个木桶用水管相连，请问哪个木桶最先装满水？

知识点

轮轴由轮和轴组成，外环叫轮，内环叫轴。轮轴的实质是一个连续旋转的杠杆。在生活中，除了提水装置外，方向盘、门把手和螺丝刀等都应用了轮轴。

拱卫京师的大工程

北京居庸关，1571 年

居庸关位于北京，它和嘉峪关、山海关、雁门关等关城一样，都是长城沿线的重要军事基地。

1571 年，明朝开放了与蒙古部落之间的贸易往来，居庸关内因此出现了许多店铺。贸易的开放使得蒙汉之间的交流增加，边境地区也进入了一个相对和平安定的时期。

居庸关地区的核心是居庸关关城，外部城墙建有大量敌台。在关城外还修有军堡和民堡两类城堡，军堡用于驻扎士兵，民堡则是战乱发生时周边百姓的避难所。

在居庸关关城内，最著名的就是云台。它是用汉白玉建成的，云台的大门内外还有很多精美的雕刻。云台上原本有佛塔等建筑，但遭到了破坏。后来重修的佛殿等建筑也在一场大火中毁掉了。今日的云台只剩下了汉白玉的基座，但基座上的浮雕、石栏和佛教造像仍对历史研究有着重要的作用。

还原遗迹

★★★

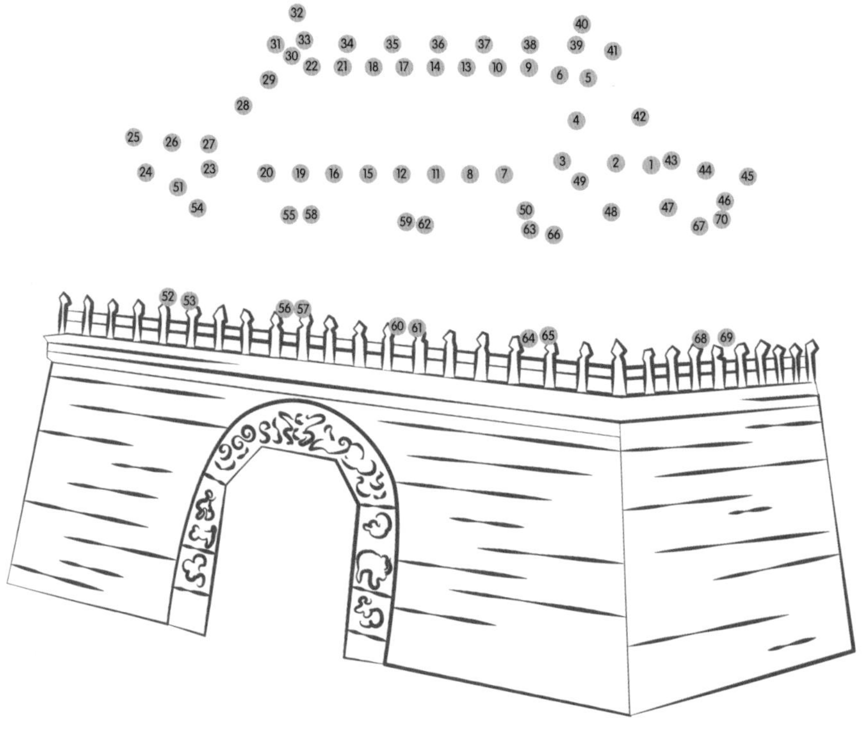

专注力

清康熙四十一年（1702年）5月，居庸关云台上的殿宇建筑在一场大火中烧毁。请你将这里的点按数字顺序连起来，还原出殿宇原来的样貌吧！

知识点

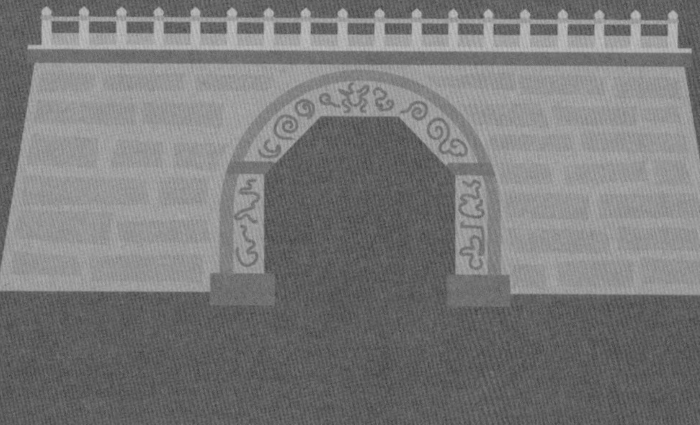

居庸关云台由 4 名藏族人设计，因而具有鲜明的藏式风格。云台上原有 3 座藏式佛塔，被毁后，明朝时期又重建了佛殿。清朝时，佛殿又因一场大火烧毁。现在，这里只剩下我们看到的基座了。

四大天王

★★★★★

逻辑推理

居庸关云台的内壁上有四大天王的雕像。假设四大天王像 A、B、C、D 存在于右侧棋盘中，你位于棋盘标记的位置。请你将天王像推回棋盘的两侧（如图，A 对应 1 处，B 对应 2 处，C 对应 3 处，D 对应 4 处），并解释你是如何推动的。规则：只能推不能拉；每次只能推动一座天王像；每次只能向前推动一格，不能斜着移动；不能穿过天王像和墙壁（蓝色粗线为墙壁）。

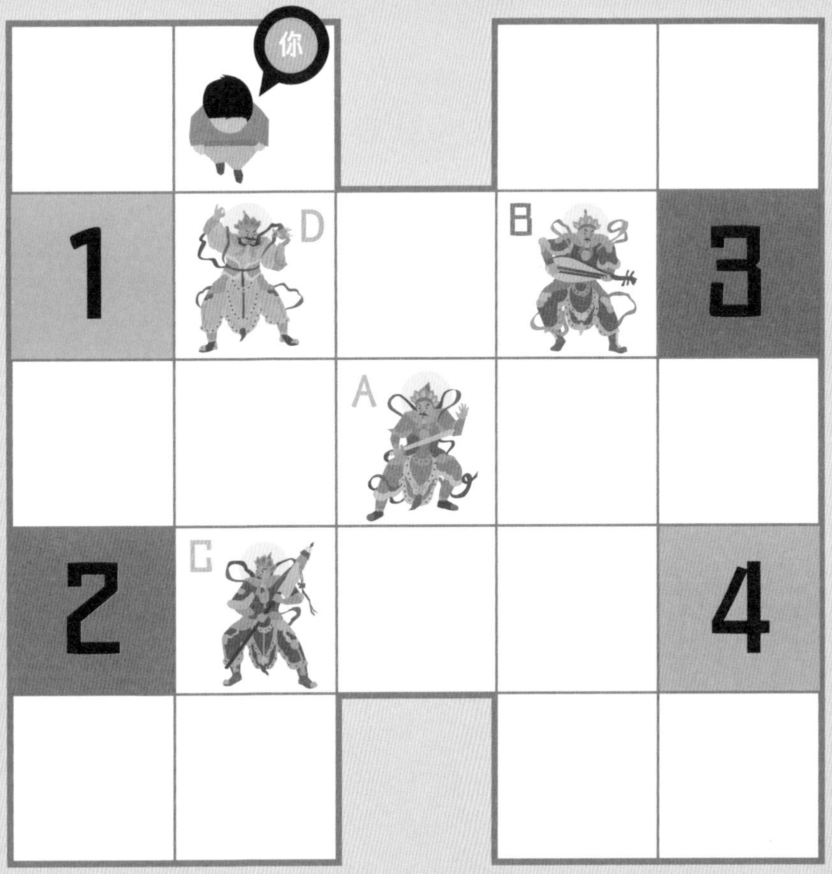

四大天王是佛教的护法天神。他们分别拥有一件特殊的法器，负责管控人间的风调雨顺。其中，持国天王持琵琶，增长天王握宝剑，广目天王缠赤龙，多闻天王拿宝伞。

拱卫京师的大工程

建造空心敌台

★★★★

计算思维

明朝的工匠们正在建造空心敌台。已知30名工匠需要40天能将一座空心敌台建成。如果再多派10名工匠，请问能提前多少天将一座空心敌台建成呢?

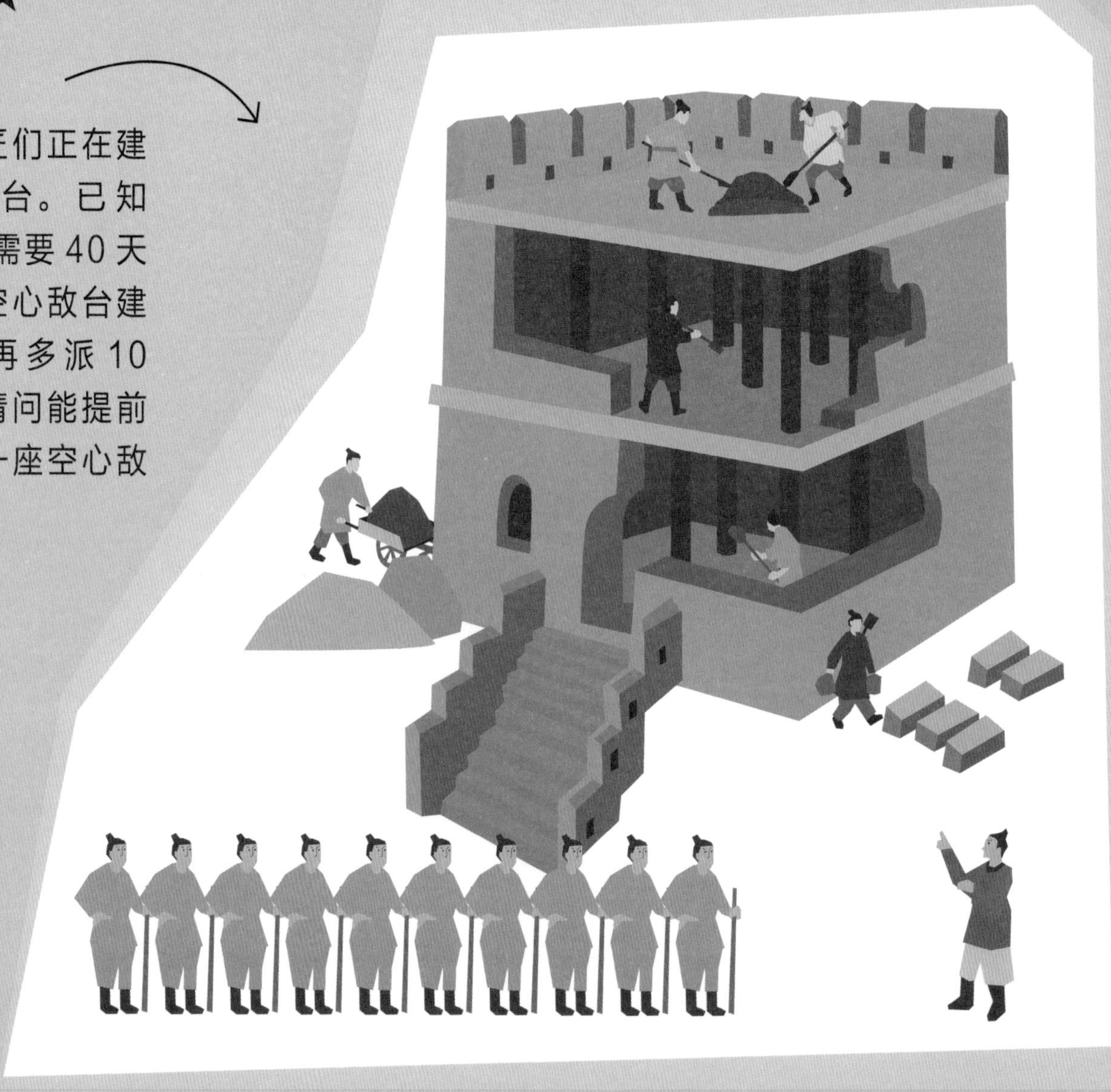

明朝以前的敌台都是实心的，直到明朝时期，抗倭名将戚继光发明了空心敌台。空心的敌台不仅可以为士兵遮风挡雨，还可以用来存放粮草和兵器，减少了战争时运送物资的时间，因而大大提高了城墙的防御功能。

拱卫京师的大工程

长城砖的烧制

★★★★

A
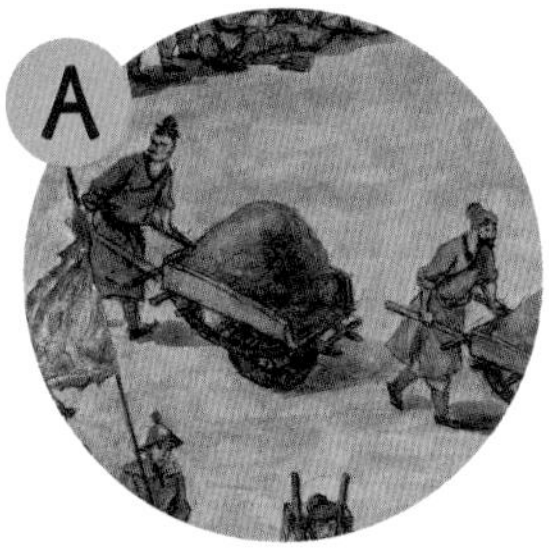
运送黏土

B

练泥

C

烧制

D

过筛

E

制坯

F

砖棚晾晒

____ → ____ → ____ → ____ → ____ → ____

逻辑思维

明朝时，烧制长城砖的工作进行得有条不紊。烧制长城砖的每一道工序，都有着明确的分工和管理。你能根据提示，将长城砖的主要烧制工序按时间的先后顺序排列吗？

知识点

长城砖是明朝修建长城时用的主要建筑材料。长城砖均为青灰色，人们根据不同的用途制成不同的形状。最常用的砖叫作长砖，长为 37 厘米，宽为 15 厘米，厚为 9 厘米。

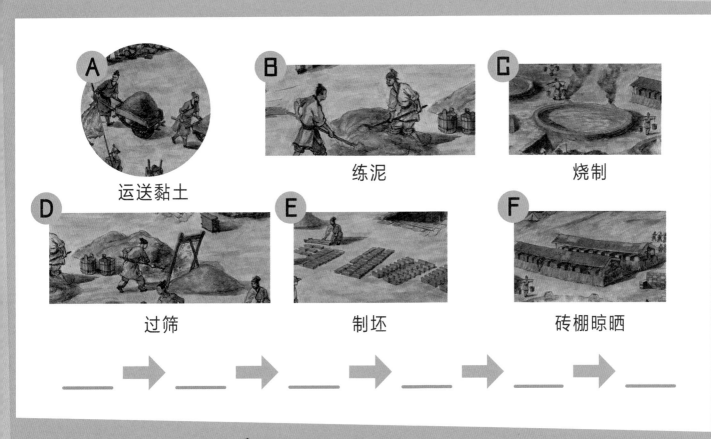

瞭望台下的边境贸易

陕西镇北台，1610 年

明朝时期，中国的边防地区与蒙古部落开始有了贸易上的往来。蒙古部落需要明朝生产的纺织品、茶叶和粮食，而明朝也需要蒙古部落的马匹、牛、羊等牲畜。就这样，两个地区交界处逐渐形成了一个贸易集市，也就是我们后来所说的“蒙汉互市”。

自明朝建立之时起，明朝和蒙古部落便时常爆发冲突。为了让互市更好地进行，明朝在陕西修建了镇北台，它的作用是观察蒙古商人和明朝商人之间的贸易情况，并监视长城外是否有心怀敌意的蒙古部落想要入侵。明朝和蒙古的商人就在军队监视下进行商品交换。一旦有人借“蒙汉互市”的机会入侵长城沿线，或是混入城关进行侦查和破坏活动，都会被镇北台上的士兵及时发现。

在镇北台附近还有款贡城和易马城两个区域。款贡城是蒙汉官方敬献贡物，洽谈贸易的地方。易马城则是交换货物的地方。

瞭望台下的边境贸易

镇北台

★★★

专注力

为保护长城脚下的蒙汉贸易，明朝修筑了明长城上最大的军事瞭望台——镇北台，用来观察敌情和交易情况。镇北台的外观十分方正，外砌砖石，底大顶小，左右对称。请你根据镇北台中轴线的一侧图案，将宏伟的镇北台补充完整吧！

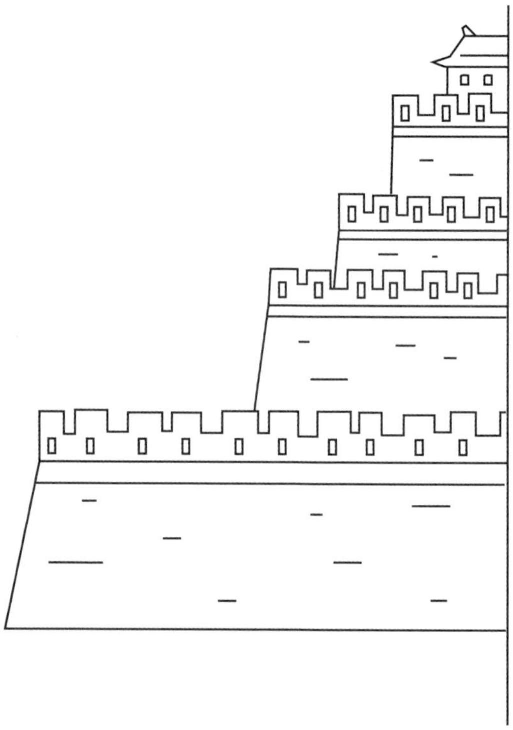

知识点

蒙汉互市这样的贸易不仅可以维持边境少数民族的稳定，满足汉人朝廷对战马的需要，还使朝廷额外获得了很多贸易收入。

瞭望台下的边境贸易

蒙汉互市

★★★★

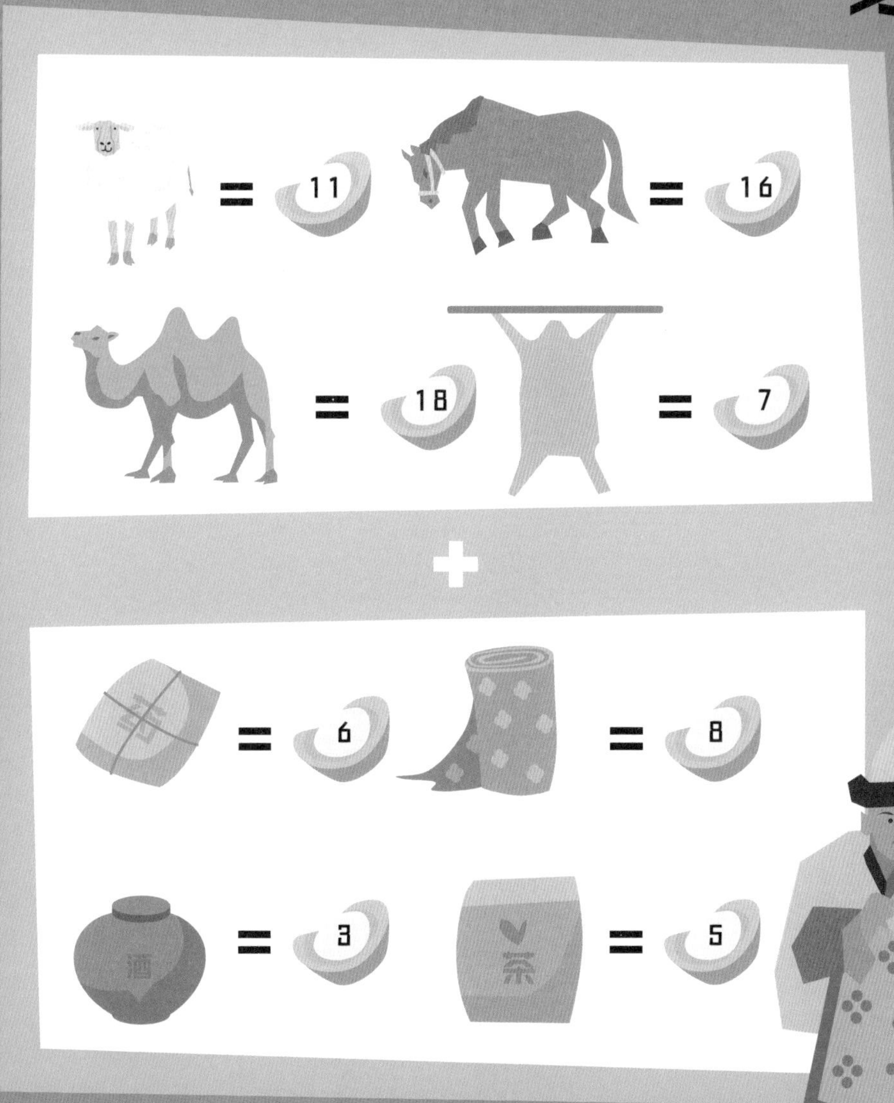

计算思维

在镇北台脚下，一位蒙古商贩带来了 5 头羊、3 头骆驼、8 匹马和 18 张皮毛。这位蒙古商贩卖完了所有商品后又在汉人商贩处购买了 12 袋药材、7 匹布、16 坛酒和 22 袋茶叶。到达蒙古后，他将运回的货物以高出原价 50% 的价格卖出，请问这位蒙古商贩一共可以带回家多少钱？

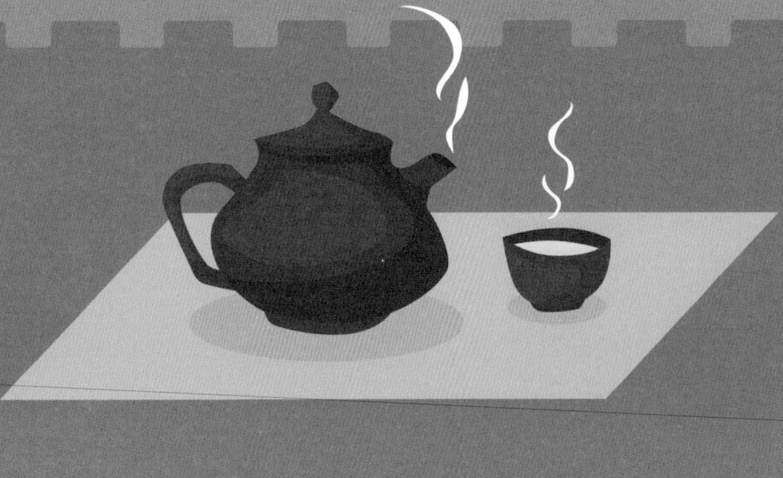

西北少数民族喜爱吃肉和乳制品，容易出现消化不良的情况。茶可以帮助解腻和消化，因此在这些地区需求极大。

瞭望台下的边境贸易

寻找摊位

★★★

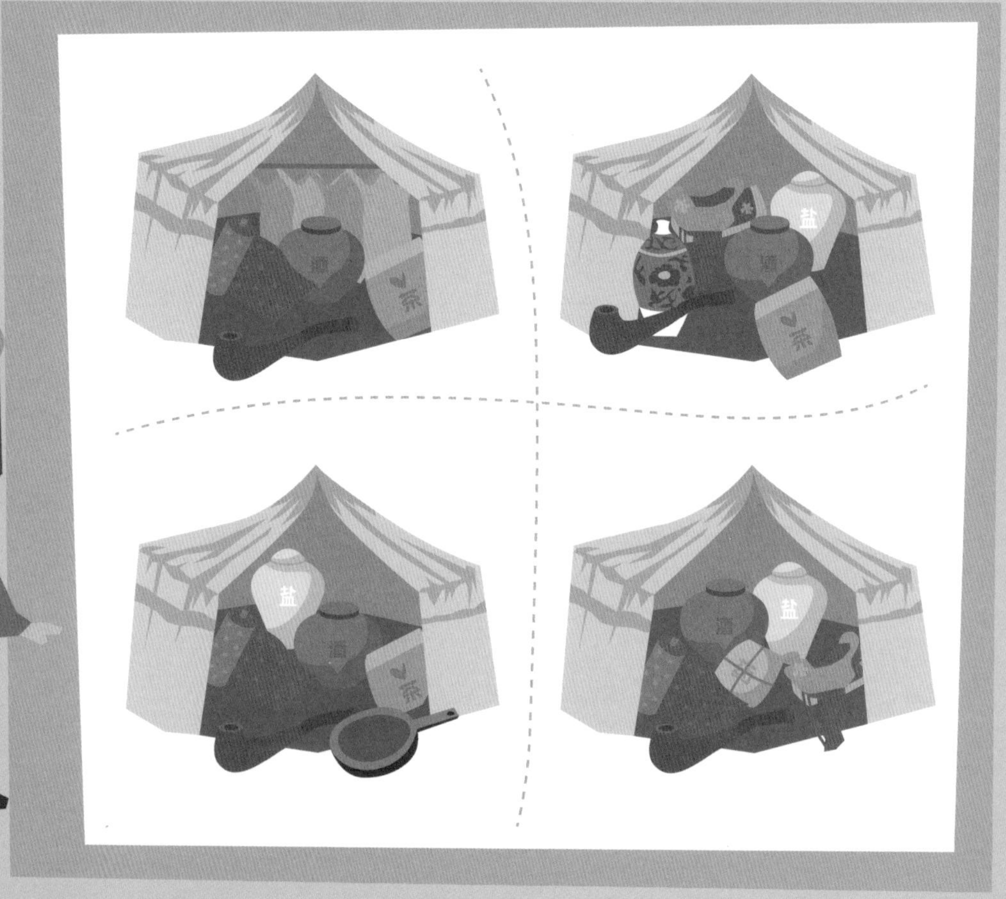

观察力

小甲是明朝的一名普通百姓。在互市期，他来到易马城采购了一些商品，但是在买东西时不慎将家里的钥匙落在了摊位上。小甲已经不记得是哪个摊位了，但他篮子里的全部商品都是在同一个摊位上购买的。你能帮助他确定是哪个摊位吗?

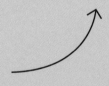

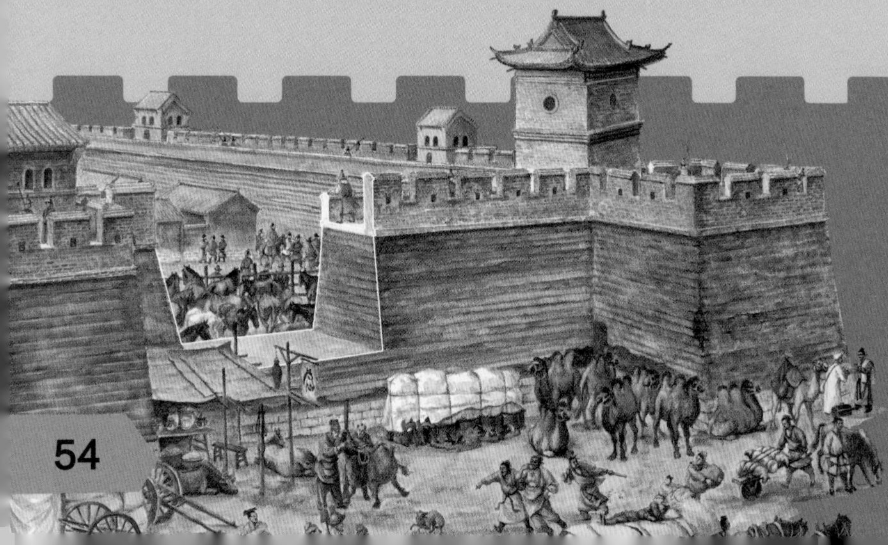

易马城又叫“买卖城”。互市期间，蒙古人赶着它们养殖的牛、羊和马，带着各种皮毛来到这里，汉族商人则带来了大量的布匹、瓷器、盐、茶和粮食等。易马城一时之间热闹非凡。

破碎的酒壶

★★★★

空间思维

镇北台附近各民族参与贸易的人数众多，汉、蒙、回、女真等民族都来到这里进行交易。有个商贩在运输酒壶的途中被迎面而来的马匹冲撞，酒壶因此被打翻。请你在右侧的酒壶碎片中找出 4 片拼成一个完整的酒壶，并用线条将它们连接起来。

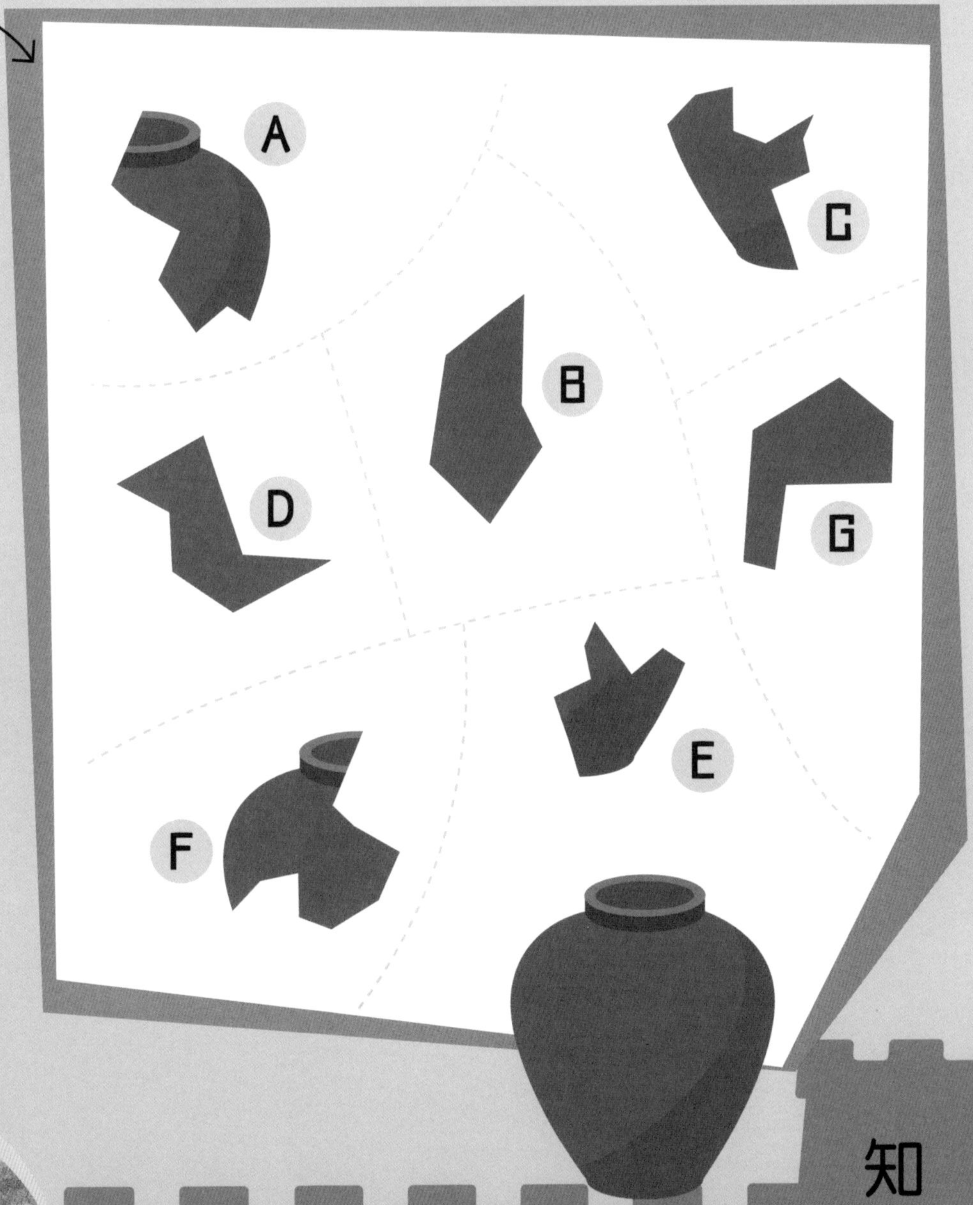

知识点

古代人喝的酒与现在的白酒不同，不仅度数较低，而且未经蒸馏，杂质比较多，需要通过煮酒将杂质蒸发掉才能喝。

山海关大战

河北山海关，1644 年

山海关大战发生于 1644 年，在山海关展开较量的共有三股势力，包括李自成领导的农民起义军大顺军、吴三桂领导的明朝关宁军和清朝摄政王多尔衮领导的清朝八旗军。

明朝灭亡前，李自成的军队已经占领了北方大部分地区。崇祯皇帝曾召远在边疆的吴三桂回来援助，然而在吴三桂回去的途中，崇祯皇帝就自杀了。此时，吴三桂原本想要投降，但得知自己的妻子和父亲都被李自成的手下带走，且明朝的很多官员都遭到了残暴的对待，他一怒之下带军回到了山海关，并以为崇祯皇帝复仇的名义与李自成对决。由于大顺军的人数远超关宁军，直接对抗没有胜算，所以吴三桂想到了一个主意，也就是向清朝的多尔衮借兵共同抗击李自成。

在战争爆发的前几天，多尔衮的八旗军并没有参战，而是驻扎在不远处观望。大顺军与关宁军奋战几天仍然没能决出胜负。直到最后一天，山海关突然刮起了一阵大风，掀起了地上的沙尘。由于李自成的军队对山海关并不熟悉，这场大风对他们十分不利。多尔衮看准时机，率军向李自成的军队进攻，导致大顺军溃败。吴三桂最终也向多尔衮投降。此后，清军占领北京，清朝逐步统一了全国。

山海关大战

天下第一关

★★★

创造力

山海关是长城上重要的军事防御体系的一部分。这是长城从东向西的第一个关城，因此也被称为“天下第一关”。请你给右边的图片填上颜色，并在牌匾上写下“天下第一关”5个大字。注意字的顺序是从右往左哦！

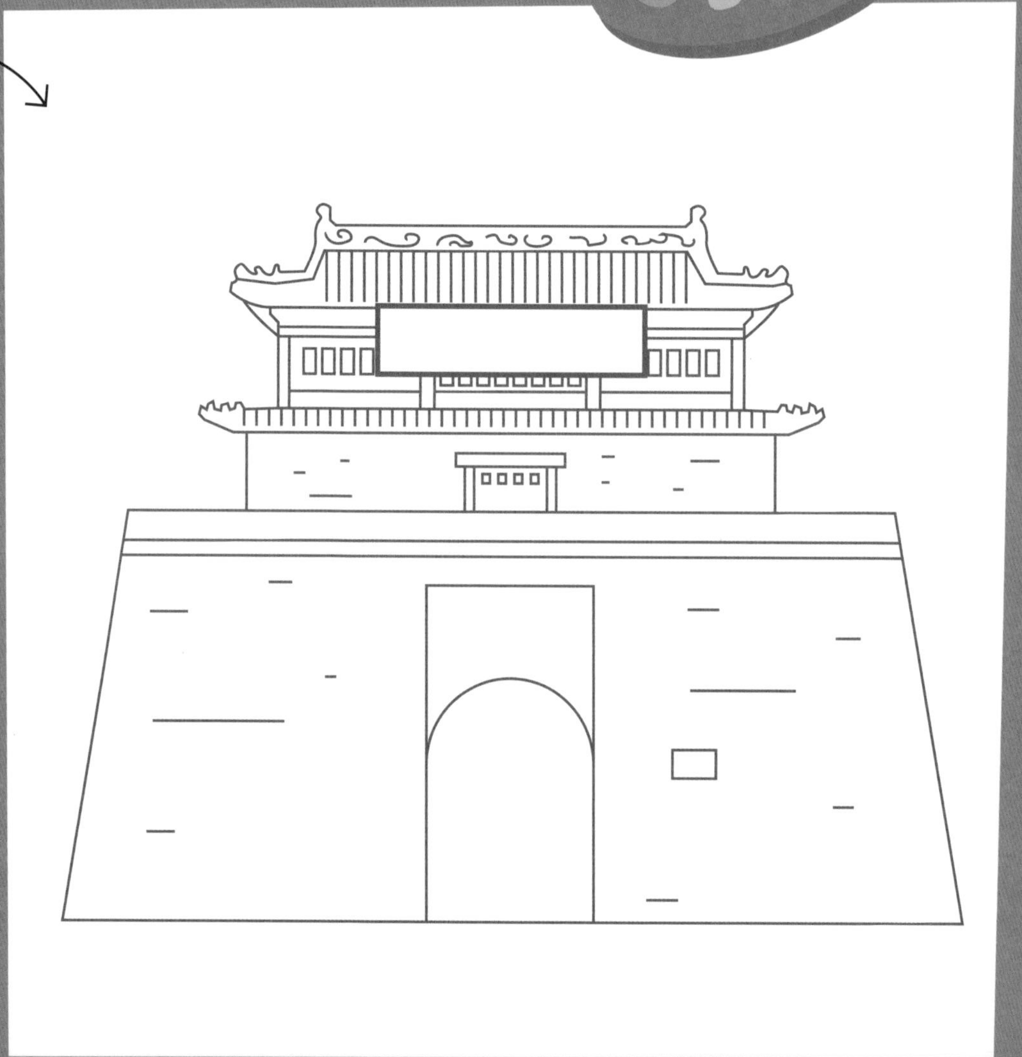

知识点

“天下第一关”牌匾上的5个大字，相传是明代进士萧显所写。整个牌匾长约6米，宽为1.5米。城楼上现在挂的只是牌匾的复制品，而真迹则保存在城楼里。

山海关大战

四座城门

★★★

空间思维

山海关古称榆关，是明朝长城东端的重要关隘。整个关城的周长约 4 千米。关城在 4 个方向各建有 4 座城门：东门为“镇东门”，西门为“迎恩门”，南门为“望洋门”，北门为“威远门”。根据下图的连线，看看你从各城门出发可以看到什么风景或见到什么人吧！

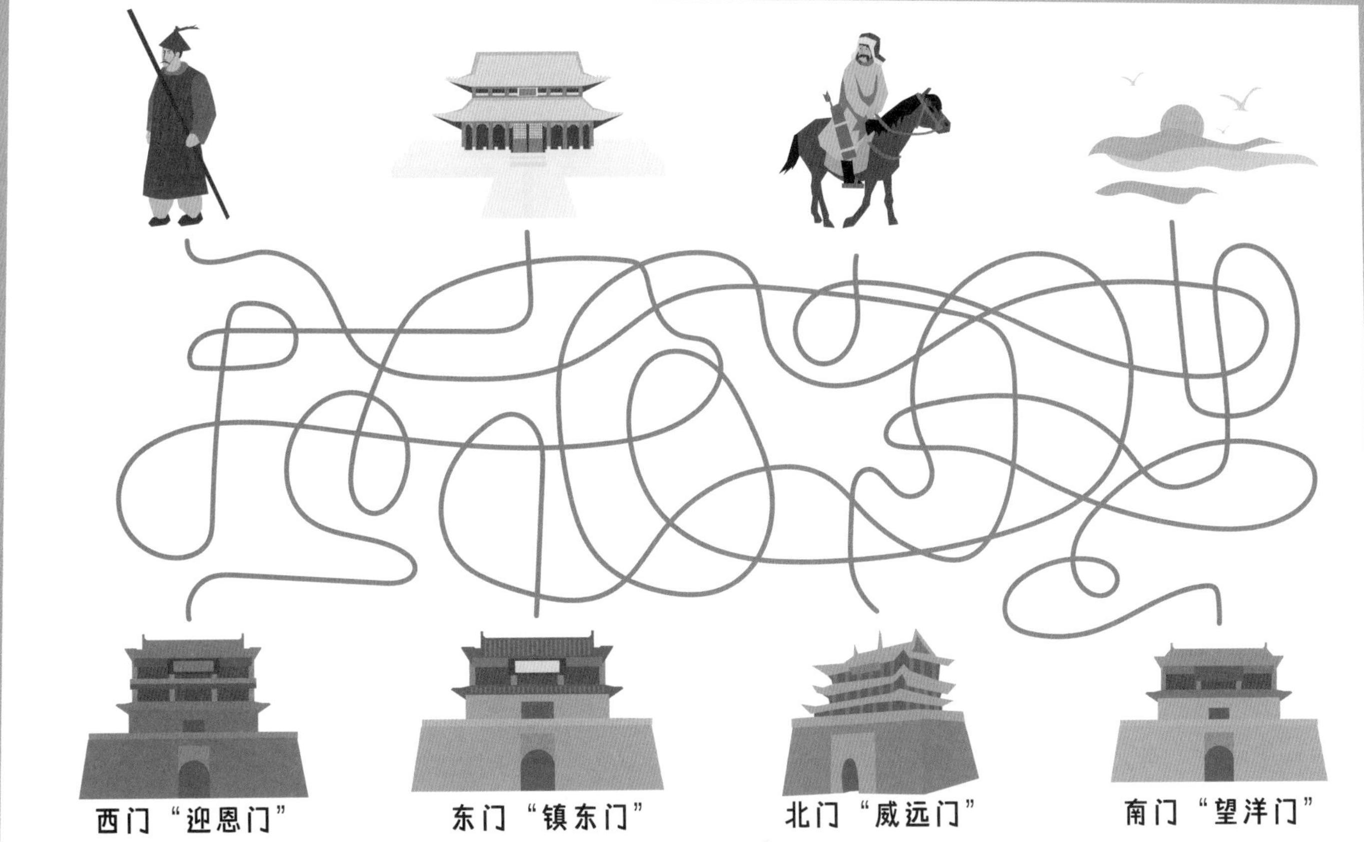

迎恩门面朝紫禁城，寓意迎接皇恩。镇东楼意味着坐镇东方，抵御关外少数民族的入侵。威远楼代表着威服北方的蒙古势力。望洋楼因城楼面朝大海而得名。

山海关大战

五虎镇东

★★★★

逻辑思维

东门所在的镇东楼居中，在其左右两侧分别建有靖边楼、牧营楼、临闾楼和威远堂。这5座建筑一字排开，被称为“五虎镇东”。你能将表格补充完整吗？注意每一行与每一列的建筑都不可以重复出现哦！

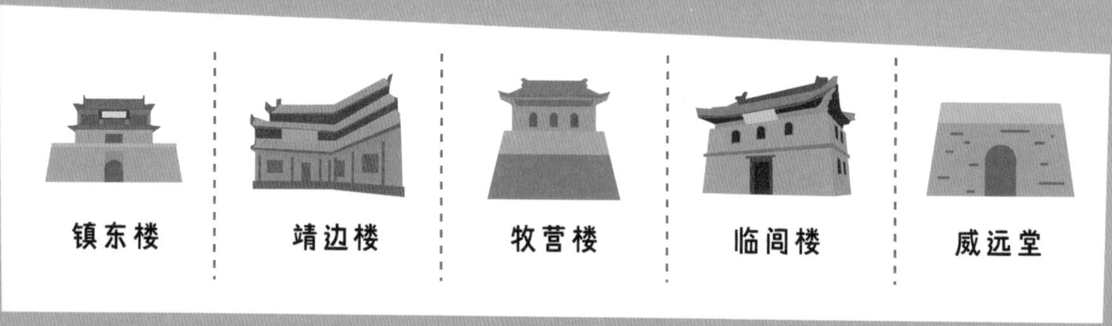

山海关的防御能力相当强大。城墙厚度达7米，高度达14米，城外护城河有5丈宽，3丈深（1丈约等于3.33米）。这些配置远远超过其他地方的长城。

山海关大战

猜猜哪一年

★★★★

中山王徐达建山海关

“年份的个位数为最小的正整数”

吴三桂带领清军入关

“闰年，且年份可以被3整除”

八国联军攻入山海关

“年份既可以被5整除，又可以被2整除”

山海关解放，蒋介石东北速战计划破产

“年份可以被5整除”

1381年

1568年

1644年

1900年

1933年

1945年

打响榆关抗日战争第一枪

“发生于20世纪”

戚继光在山海关镇守，抗倭杀敌

“闰年”

计算思维

历史上，山海关一共经历了6件大事。你能根据提示，将各起事件与它们发生的时间用线条连接起来吗？

知识点

海水朝朝朝朝朝朝朝落

浮云长长长长长长长消

山海关里有一副奇妙的对联。上联：“海水朝（hǎi shuǐ cháo），朝朝朝（zhāo zhāo cháo），朝朝朝落（zhāo cháo zhāo luò）。”下联：“浮云长（fú yún zhǎng），长长长（cháng cháng zhǎng），长长长消（cháng zhǎng cháng xiāo）。”

明

长城第一桥

辽宁九门口长城，1644 年

中国的长城绵延万里，其中有一段是跨河而建的。这段长城就是九门口长城，它位于辽宁省西部，横跨了九江河。

之所以被称为“九门口”，是因为横跨部分有 9 扇可以泄水的水门。这座城桥长 97.4 米，每扇水门宽 5 米，从地面到最顶部的垛口有 10 米。在城墙的两端有两个围城，这里是士兵射击的地方。当敌人来到桥下时，不仅会遭到来自城桥的正面攻击，还会遭到来自围城的侧面攻击，这使得城桥的攻击力大大提升。

在九门口长城的内侧有一座老牛山，山里有一条隧道，士兵沿着这条隧道可以秘密前往长城之外的地方，突袭敌人。

在离城桥不远的地方还有一座关城，这里是士兵居住的地方，武器、粮草和弹药也在这里存放。

1644 年 4 月，在九门口发生了“一片石大战”，这是山海关大战的另一个战场。

长城第一桥

火柴棒四边形

★★★★★

逻辑思维

九门口长城上有一座过河城桥。假设每扇水门对应用火柴棒拼接成的若干正方形，且它们按一定规律排列，你能得出第 9 扇水门对应几个正方形吗？这些正方形一共由几根火柴棒拼接而成？（例如：第一扇水门对应 1 个正方形，它由 4 根火柴棒拼接而成；第二扇水门对应 4 个正方形，它由 12 根火柴棒拼接而成。）

知识点

九门口自古便是兵家必争之地。北洋军阀统治时期，直、奉两系军阀曾在这里厮杀；抗日战争时期，中国东北抗日救国义勇军在这里英勇抵抗日本侵略者；解放战争期间，解放军也曾在这里浴血奋战。

长城第一桥

燕尾榫

★★★

空间思维、观察力

九门口城桥下的河床上有一片过水铺石，每块石头上都凿有燕尾榫，使得整块地面连成一片巨石。右图为燕尾榫的一半，你能从右侧的选项中找出与它对应的另一半吗？

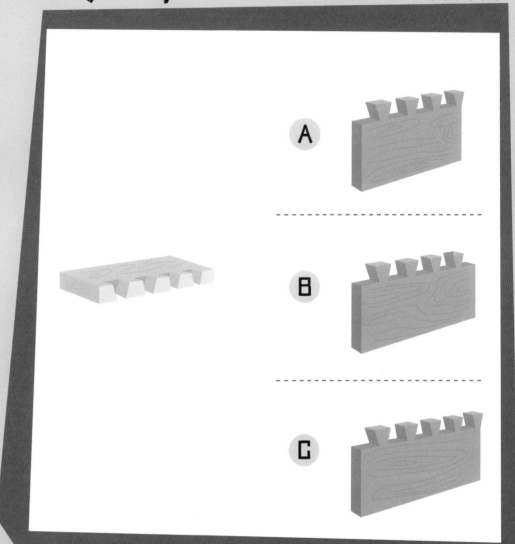

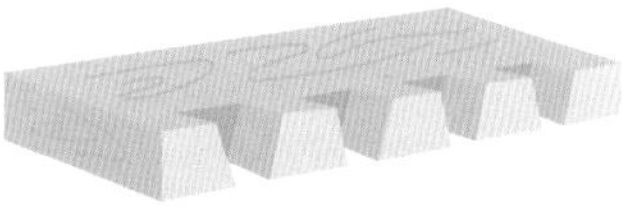

A

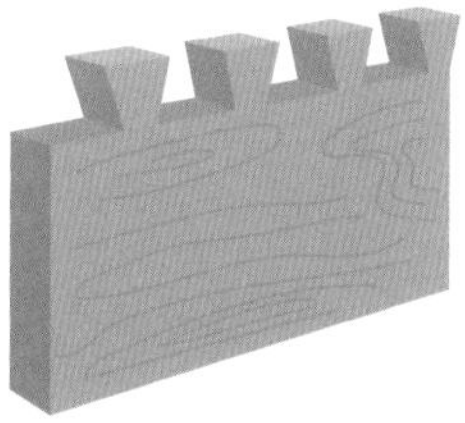

B

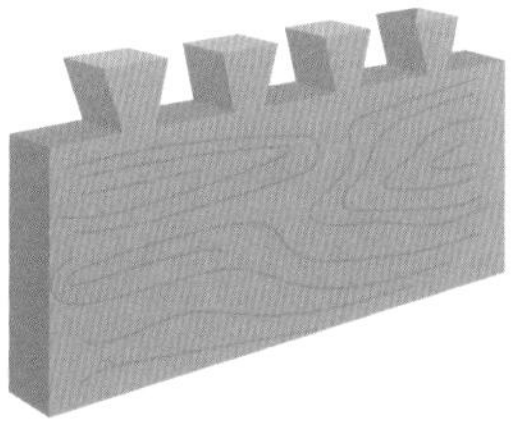

C

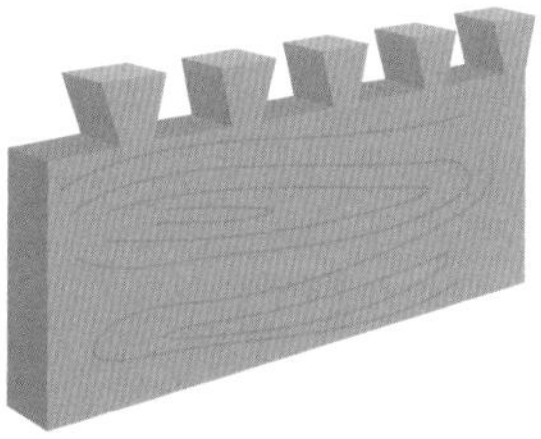

榫（sǔn）卯（mǎo）结构是我国古代发明的一种连接两个木构件的结构方式，其中我们把凸出的部分叫作榫，凹进去的部分叫作卯。燕尾榫属于榫卯结构的一种，相传是鲁班发明的。

长城第一桥

火药存放

★★★★

空间思维、观察力

1644 年，李自成率领农民起义军攻向九门口城桥。但保卫九门口城桥的士兵对桥梁的防御能力很有信心，而且武器仓库中堆满了火药，只要敌人敢来就用大炮和火铳攻击。根据火药存放安全守则，任何一堆火药的存放总量都不能超过 90 箱。然而，看守的士兵有时候会忘记计数，如果每一摞火药箱后没有空缺，你能算出这里已经堆了多少箱火药了吗？总数是否已经超过了安全范围呢？

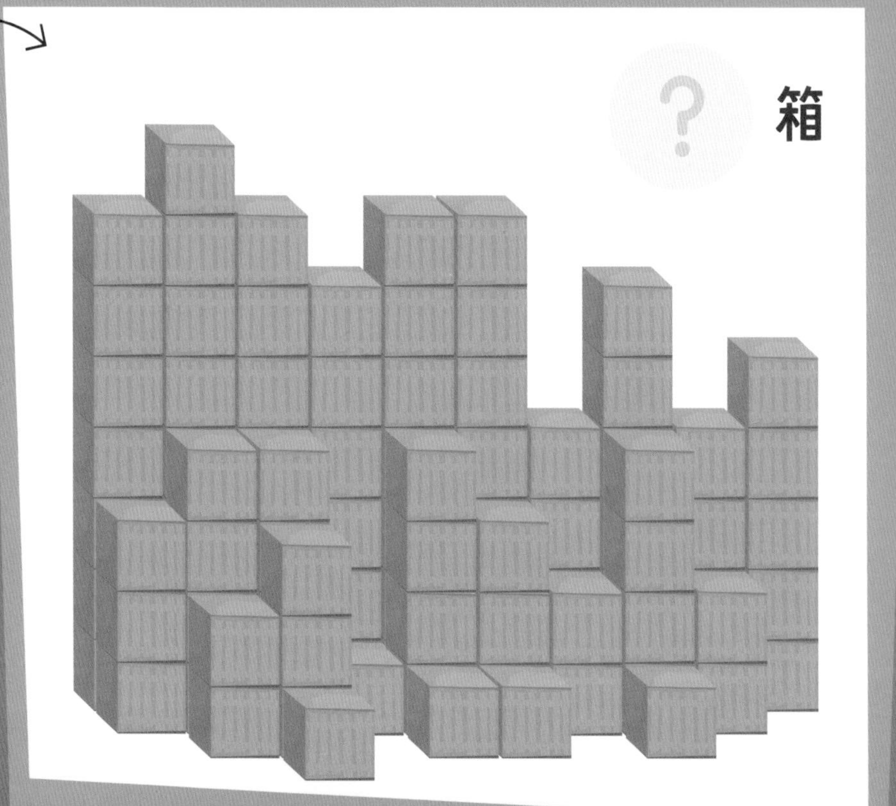

火铳发明于中国元代，它利用火药带动发射管内的弹丸。火铳管身由金属制成，能够承受较大的压力，因此可以填充较多的火药和较重的弹丸，大大提高了火器的威力。

长城第一桥

渔夫过河

★★★★

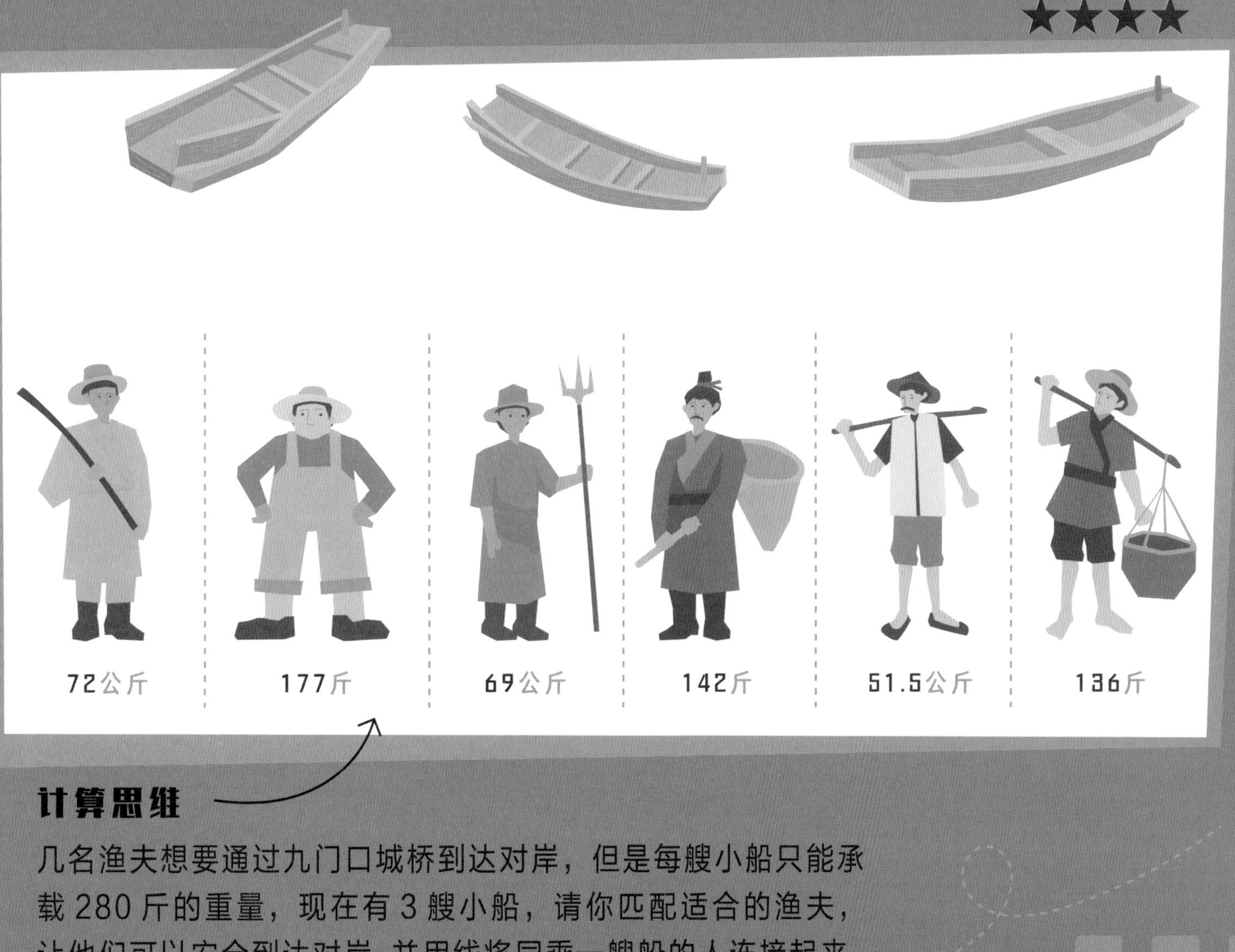

计算思维

几名渔夫想要通过九门口城桥到达对岸，但是每艘小船只能承载 280 斤的重量，现在有 3 艘小船，请你匹配适合的渔夫，让他们可以安全到达对岸，并用线将同乘一艘船的人连接起来。

知识点

千克是国际上通用的质量单位。我国还常用公斤和斤来描述一个物体有多重。1 千克相当于1公斤，1公斤相当于 2 斤。

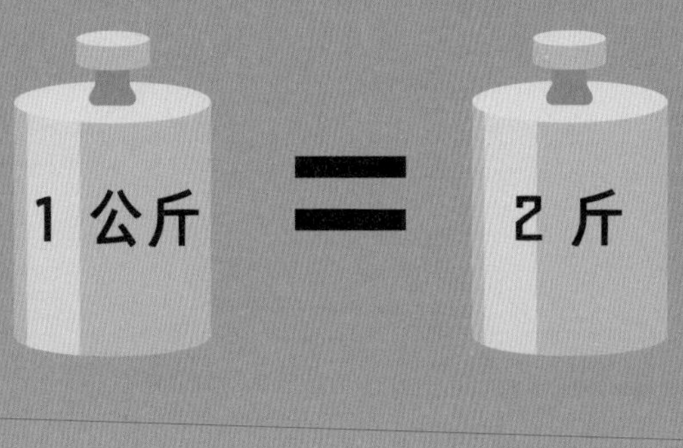

嘉峪关的探险家

甘肃嘉峪关，1880 年

嘉峪关始建于 1372 年，它位于明长城的最西端。然而，早在明长城修建之前，这里就是古代丝绸之路途经的地方。

嘉峪关是明长城的一部分，它的防御设施十分完善。整个关城大致包括三部分，也就是内城、外城和瓮城。如果有敌人想要入侵，就必须先要攻陷最前方的瓮城。而在这个过程中，入侵者会受到来自多个方向的交叉攻击。即使瓮城失守，人们还可以退到内城继续防守。嘉峪关周围有很多烽火台和堡垒。如果有敌军出现，士兵会立刻点火报告给周边军队。要想出入嘉峪关，还需要官方签发的通关文牒，才能顺利通行。

随着时间的推移，嘉峪关作为防御工事的功能逐渐减退，但它早已成了西北地区的名城，融入到当地人的生活之中。20 世纪初，这里依旧是交通路线上的税卡，并且仍有清朝士兵屯驻在这里。当地居民和往来的商人在这里开办集市，街道十分热闹，甚至吸引了很多来自西方的探险家。

嘉峪关的探险家

明城墙

★★★

空间思维、专注力

嘉峪关是明长城在西端的起点，右图是嘉峪关的一段城墙。你能根据数字的顺序，把空白处的建筑补完整吗？并根据坐标信息把对应的名称填在横线上。

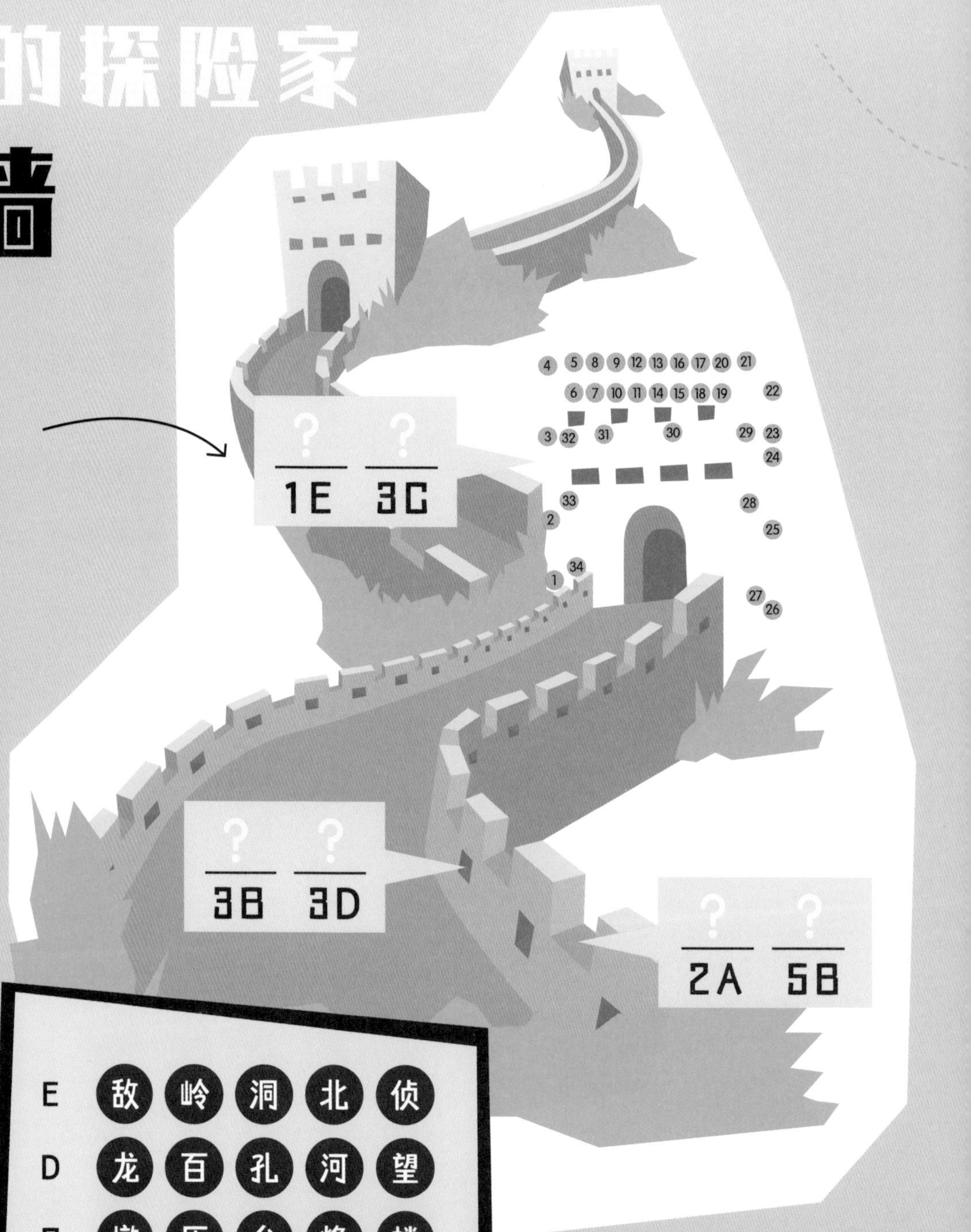

E	敌	岭	洞	北	侦
D	龙	百	孔	河	望
C	墩	历	台	烽	楼
B	树	京	射	万	口
A	瞭	垛	烟	史	里
	1	2	3	4	5

知识点

朱元璋为使长城更加坚固，曾下令用糯米砂浆作为修建长城的黏合剂。这种糯米砂浆以糯米为原料，具有极强的黏性。不过这种特殊的黏合剂太过奢侈，并未普及。

邮差路线

★★★★★

逻辑思维

在古代，轻便的邮件都是由邮差徒步背运的。有一个邮差从起点出发，需要去36个地点送36封信件。为了节省体力，每个地点只经过一次，最后回到起点。你能画出邮差行走的路线吗？右图已经画出了一部分路线，你可以画竖线或者横线，但是不能画斜线。

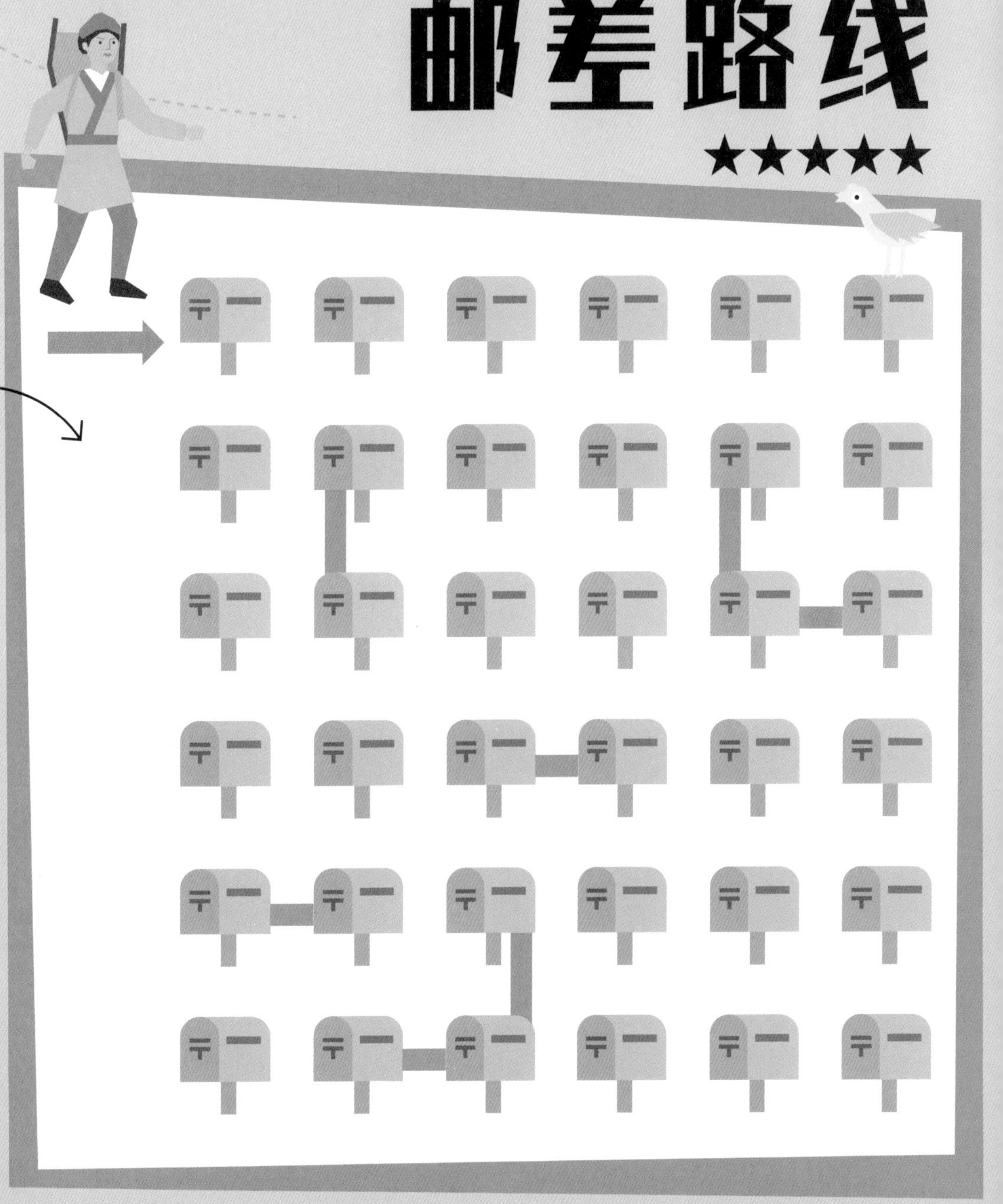

古代邮差是为封建统治者服务的，负责传递国家文书。平民百姓间的信件则是托商人或旅客携带。直到明清之后，百姓才有了专职的邮差。

嘉峪关的探险家

人马数量

★★★★

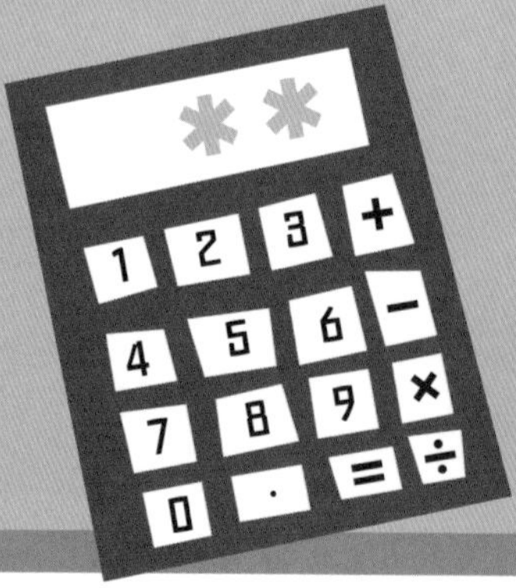

计算思维

一队商客途经嘉峪关。队伍前后各有 3 名打手护送货物，每名打手陪同 6 名马夫，而每名马夫都用缰绳牵着 2 匹马，每匹马的拖车上还坐着 2 个商人。请问队伍中一共有多少人？多少匹马？

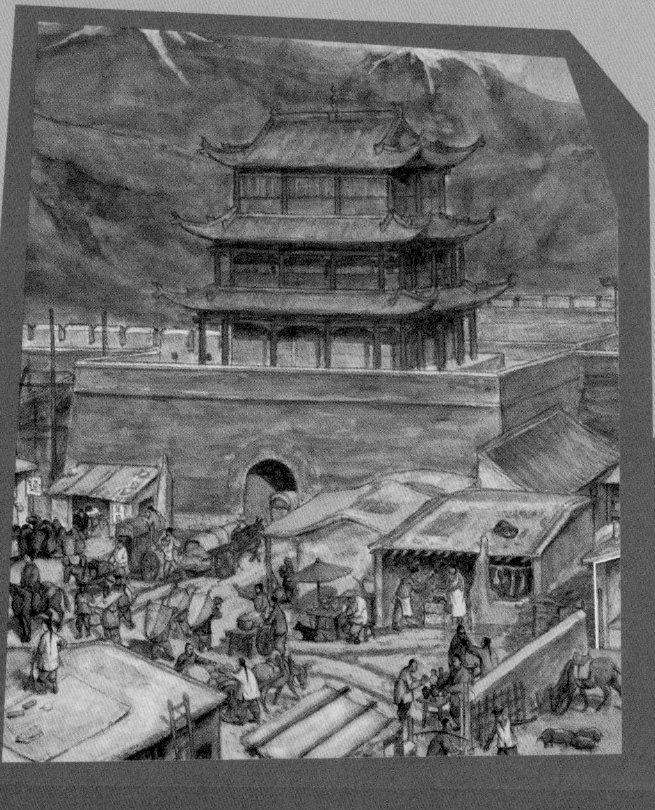

在古代，嘉峪关是中原文明和西域文明交流的最重要的通道。西域的棉花、葡萄、马、骆驼、玉石等货物经此路运往中原。而关内的商贩则将茶叶、丝绸、棉布、瓷器、药材等运往西域。

脚手架

★★★★

逻辑思维

右图是工匠们正在对历经 500 多年的长城墙体进行维修的画面。调皮的木工在忙碌的工作之余用木头制作了 5 个相连的正方形。观察正方形中数字的规律，你能得出问号处的数字是多少吗？

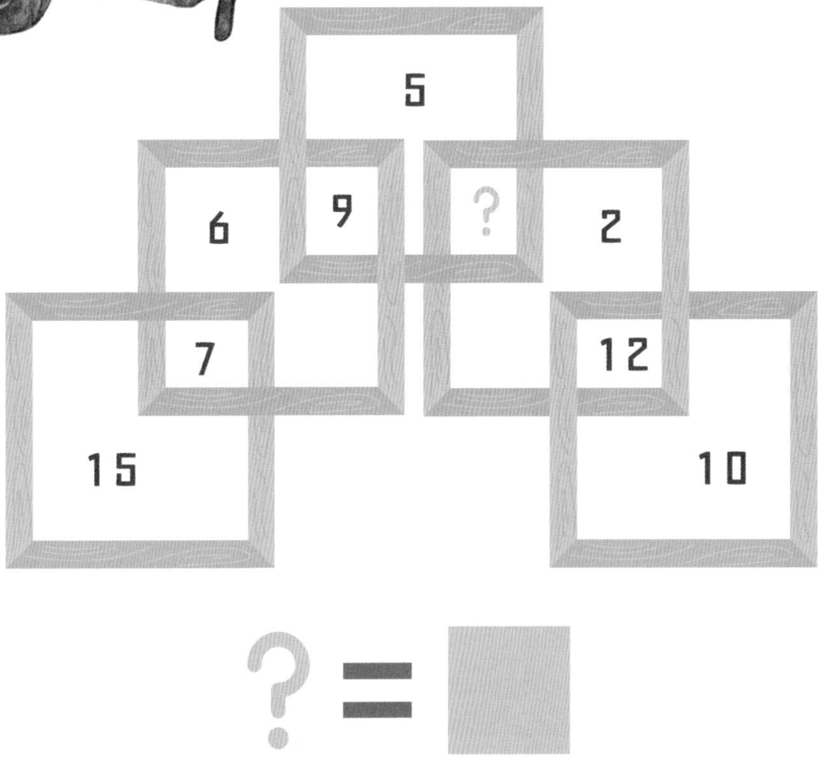

知识点

我国最早在战国时期就已经发明了脚手架。虽然年代悠久，但在制作工艺上却不输于现代的脚手架。聪明的古代人还想到用藤条做成安全围栏，来保障建筑工人的安全。

ITA
巴黎

长城脚下的汽车拉力赛

河北土木堡，1907 年

1907 年，国际汽车联合会决定举办一场从中国北京至法国巴黎的汽车拉力赛。这场比赛还登上了法国《晨报》的头版。在此之前，中国从未举行过这样的汽车比赛。

整个比赛的路线是从北京到巴黎，途经俄国、波兰、德国、比利时和法国等国。当时，一共有 5 支车队到达北京，其中包括 3 支法国车队、1 支意大利车队和 1 支荷兰车队。最终，意大利车队的博尔盖塞亲王赢得了这场历时 62 天的比赛。

这 5 支车队当时也途经了土木堡，引来当地居民的围观。土木堡是一座堡垒，也是长城防御体系的一部分。1449 年，明朝在轻率地出兵迎战蒙古瓦剌部落时在土木堡遭遇大败，也就是“土木之变”。

1907 年的土木堡早已失去了防御的作用。载人行驶的不仅有马车，还有汽车。中国步入了 20 世纪，日渐与国际接轨。长城虽然辉煌不再，但仍然守护着中国人的心灵。

长城脚下的汽车拉力赛

土木堡长城

★★★★

观察力、专注力

1907 年，国际汽车联合会决定举办北京至巴黎的汽车拉力赛。当时，对于绝大多数的中国人来说，汽车十分新奇。右图为车队途经河北土木堡临时休息时，当地百姓闻风而来围观的情形。请你观察两幅图，找出它们之间的 5 处不同。

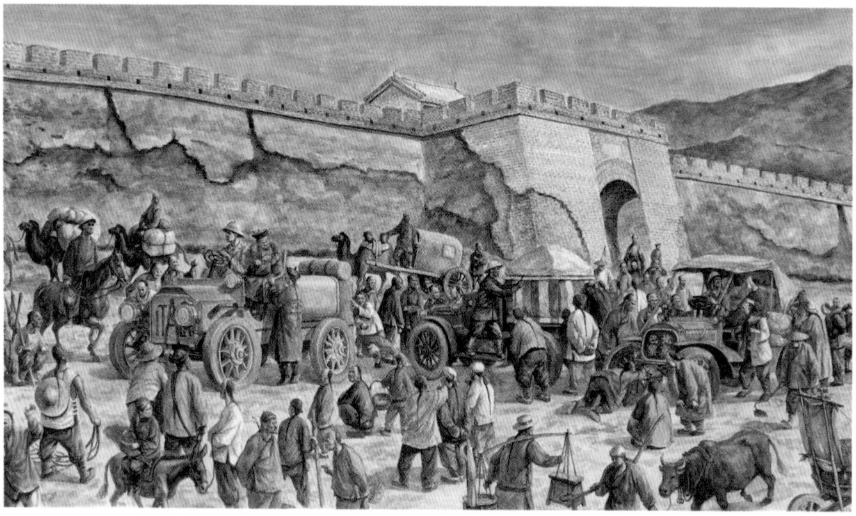

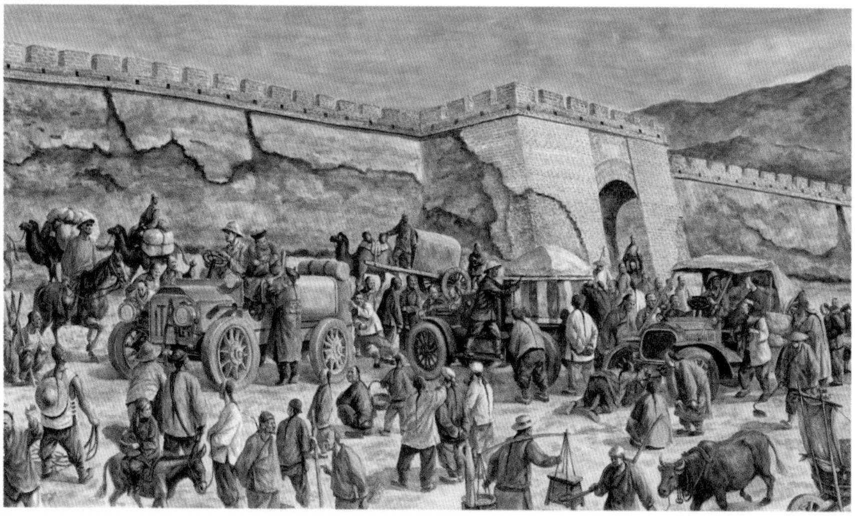

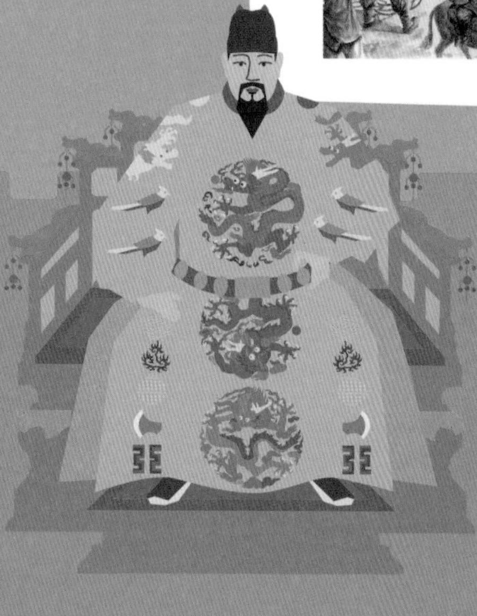

知识点

1449 年，明英宗朱祁镇亲征蒙古瓦剌。结果明朝 50 万大军却被只有几万军马的瓦剌打败，还导致皇帝被俘，这就是著名的“土木之变”。

长城脚下的汽车拉力赛

冠军车

★★★

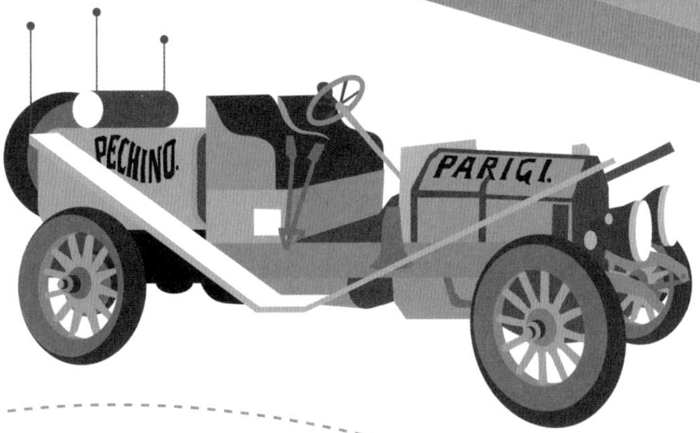

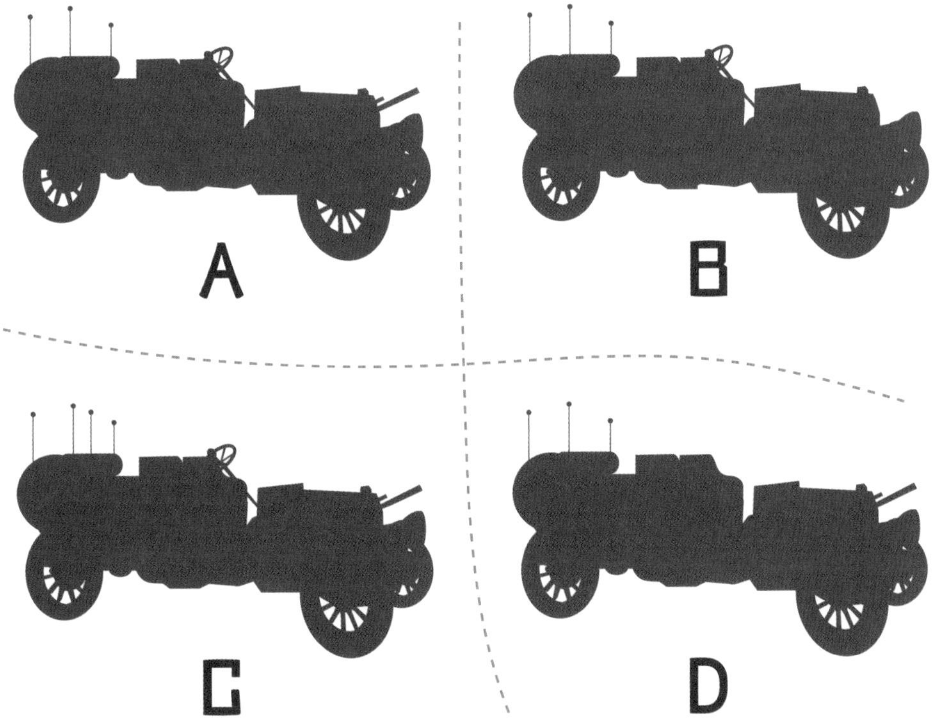

观察力

1907 年 6 月 10 日，5 辆赛车从北京出发，历时 62 天抵达巴黎。首先抵达巴黎的是意大利车队的博尔盖塞亲王。而他驾驶的伊塔拉汽车也成为意大利都灵汽车博物馆的镇馆之宝。左图的哪幅剪影图与上方的伊塔拉汽车完全吻合呢？

最终参加比赛的车队有 5 支，由 3 支法国车队、1 支意大利车队和 1 支荷兰车队组成。

荷兰车队的赛车是一辆 15 马力的荷兰世爵汽车。

意大利车队的赛车是一辆 40 马力的意大利伊塔拉汽车。

两支法国车队都开着 10 马力的法国迪昂·布通汽车。

另一支法国车队驾驶一辆 6 马力的法国康塔尔三轮车。

时区

★★★★★

逻辑思维、计算思维

这场汽车拉力赛途经了很多国家，得到了世界各地的人们的关注。

我们已知：
北京比巴黎早 7 个小时；
莫斯科比伦敦早 3 个小时；
北京比莫斯科早 5 小时；
鄂木斯克比北京晚 2 小时。

你能根据提示在每个时钟下面写上正确的城市名称（北京、巴黎、莫斯科、伦敦、鄂木斯克）吗？

因为地球自西向东自转，东边比西边更早见到日出，所以时间更早。为避免时间混乱，国际上将每隔经度 15° 划分为一个时区，相邻时区相差 1 小时。全球共分为 24 个时区。

沙漠救援

★★★★

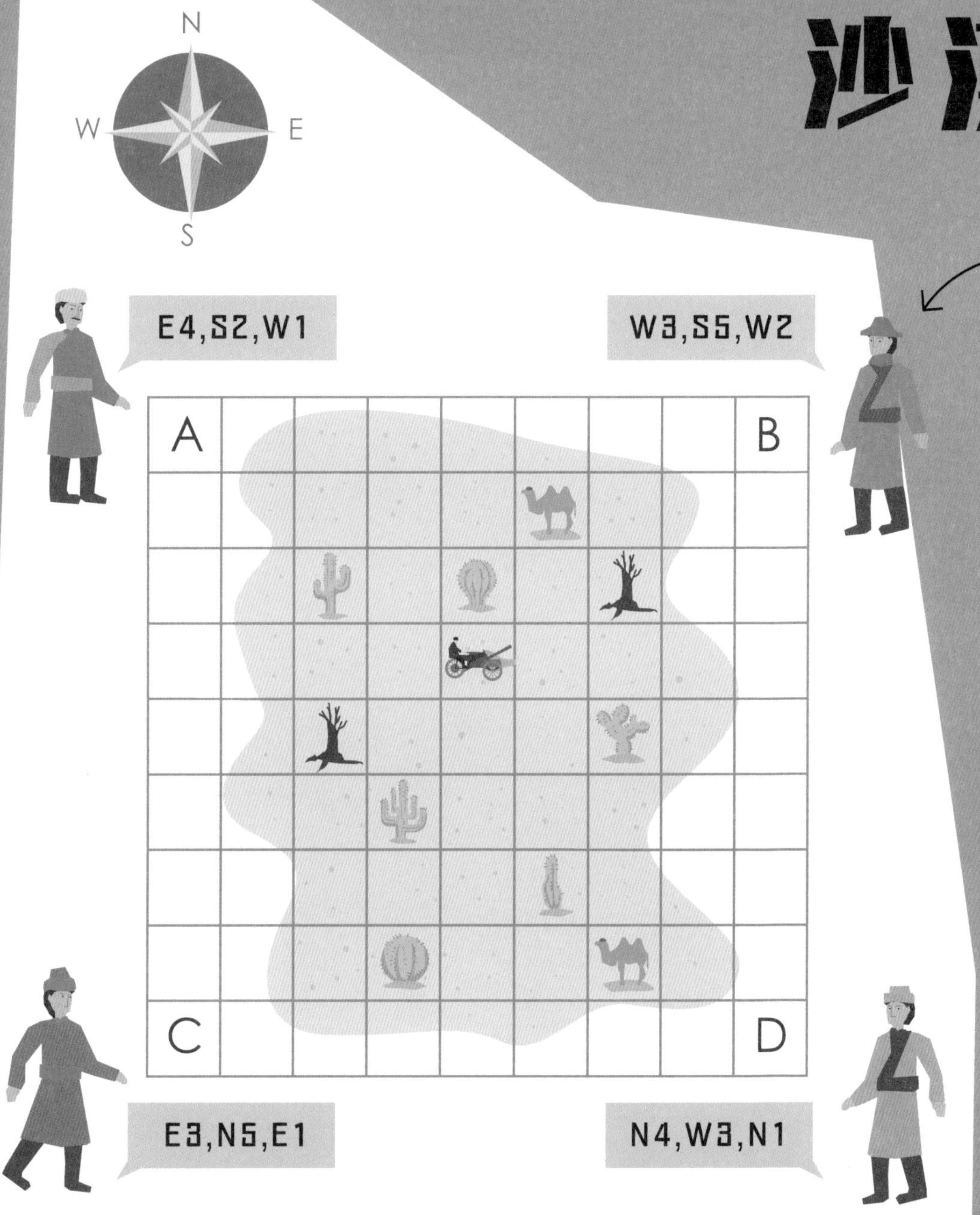

空间思维

其中一组车队在经过戈壁沙漠时汽油耗尽，车手被困在了沙漠中。幸运的是，他们最终获得了牧民的解救。如图，4 个牧民从图中 4 个角出发，沿地图上的方向前进（W 代表西，S 代表南，E 代表东，N 代表北），请问最终哪位牧民解救了他们？例如：E4 代表向东走 4 个方格，N5 代表向北走 5 个方格。

知识点

法国车手奥古斯特·庞斯驾驶 6 马力的康塔尔三轮车在穿越戈壁沙漠时，因为汽油用完了而被困在沙漠中，差点因缺水而死。虽然最终幸运被救，但他却不得不退出比赛。

雁门关的游客

山西雁门关，2022 年

雁门关是长城北部的重要关口。古代曾经在这里发生过多次战役。战乱频发的一个重要的原因是长安、洛阳、汴京等多个朝代的国都都位于雁门关的南部。如果雁门关失守，国都就会直接暴露在北方入侵者的攻击下，极有可能被攻陷。汉朝时期，王昭君就是经由这里去往匈奴和亲的。北宋时期，杨家将也曾经在这里抵御辽国入侵。

到了现代，长城已经失去了防御功能，但人们开始逐渐意识到保护长城的重要性。雁门关自战国时期就有了雏形，随着时间的推移，各种工事逐渐完善。除了明朝大规模修复之外，现代的人们也对它进行了修复。许多志愿者还自发清捡垃圾，保护环境。

对现代人来说，长城是历史留下的记忆。当人们踏过古代士兵走过的砖石，耳边传来呼啸的风声时，仿佛也能感受到当年戍守边疆的士兵的艰苦生活。

雁门关的游客
寻找失物

★★★

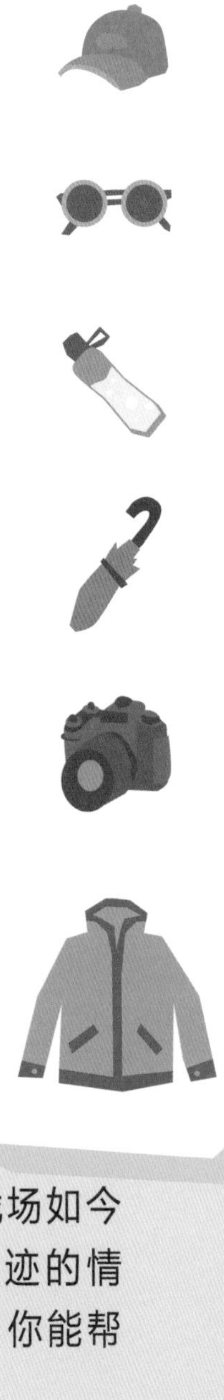

观察力

雁门关是我国古代极其重要的雄关要塞。昔日金戈铁马的古战场如今是一派祥和的气象。上图描绘了游客们在雁门关长城游览古迹的情形。有一位粗心的同学丢失了他的一些装备，如右上角所示。你能帮助他在图中找到这些装备吗？

知识点

雁门关是我国历史上发生战争较多的古关口，3000 多年来发生在这里的战争超过 1000 场。无数的战士曾在这里保家卫国，血战沙场。

雁门关的游客

关城诗句

★★★★

居庸关

雁门关

玉门关

阳关

山海关

A 居庸天险列峰连，
万里金汤固九边。

B 劝君更尽一杯酒，
西出阳关无故人。

C 黄沙百战穿金甲，
不破楼兰终不还。

D 黑云压城城欲摧，
甲光向日金鳞开。

E 夜出榆关外，
朝看朔漠空。

理解力

长城关口众多，古往今来，文人墨客留下了大量脍炙人口的诗句。你能将左侧不同的诗句与它们所描述的关口相连吗？

长城沿线有很多关口。有一些在战争中起到了重要作用，如山海关、居庸关、紫荆关、平型关、雁门关和嘉峪关等。

雁门关的游客

大雁排列

★★★★

逻辑思维、数感

相传昭君出塞经过雁门关时，南飞的大雁看到这个美丽女子，听到她弹奏的悦耳的琴声，忘记了摆动翅膀，纷纷跌落到地上。这里有 4 组身上有斑点的大雁飞过雁门关，每组中都混入了一个没有斑点的大雁。你能为混入的大雁补全斑点，使每组大雁的斑点数形成一个数列吗?

汉代宫女进宫后，皇帝会依据她们的画像选妃。但是，贪婪的画工只将送他礼物的宫女画得很美。王昭君家境贫寒，而且对这种行为很不屑，所以画师没有画出她的美貌。因而，昭君进宫多年都未见过皇帝。

迷路的游客

★★★★★

空间思维、逻辑思维

雁门关地区山势险要，几位贪玩的小朋友在游玩的途中迷路了。他们在所有的路口都选择了右转或者直行，你能帮助他们找到一条通往出口的路吗？记住不能左转哦！

知识点

杨家将是著名的抗辽将领，曾在雁门关血战沙场。为了纪念他们，雁门关景区古道两边立有两排雕像，右边是杨业率领的杨家将，左边是以佘太君为首的杨门女将。

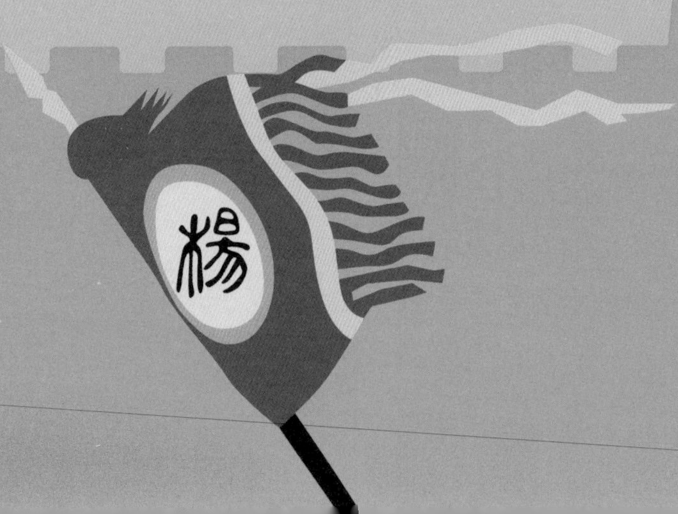

长城建在哪儿

为长城选址时，需要综合考虑多种因素，其中最重要的因素就是地形。在积累了大量修建军事要塞的经验后，人们提出了“因地形，用险制塞”的原则。

中国境内有许多高大而险峻的山脉。古代的交通不如今日发达，人们很难翻越这些山脉。因此，很多时候古代的国境线也是依据这些险要的山脉走向而确立的。而长城的修建，往往更需要巧妙地运用地形。

例如，人们会在边境上靠山的交通主干道上修建关城，来阻挡入侵者的进军路线；人们还会在山上修建烽火台，利用高出地面的地势监视敌人的动向，并通过烽火把敌情通报给后方。

长城的修建受地势影响，又反过来影响着周边其他人文设施的布局。随着长城的建立，关城内和长城边出现了很多军事设施，比如校场、武库、官衙，以及一些与人们生活相关的设施，如驿站、商埠、粮仓等。

交通

长城往往用来扼守两国交界处的交通要道，在进出的关键地段还会设置关卡。

山脉

长城往往依托崇山峻岭修建，这样可以利用天然的障碍来阻挡敌人，并减少修建城墙的成本。

武库

士兵备用的刀枪、铠甲、箭矢、火药等装备平时存放在武库。在战时，这些装备的消耗速度很快，需要迅速从武库中补充。

校场

守卫长城的士兵经常要在校场演练各种武艺。这里有供射箭用的箭靶、演练劈砍用的草人等器材。

因地制宜原则

长城的选址要考虑周围的山脉、河流等自然因素，也要考虑国境、城市、交通等人文因素。

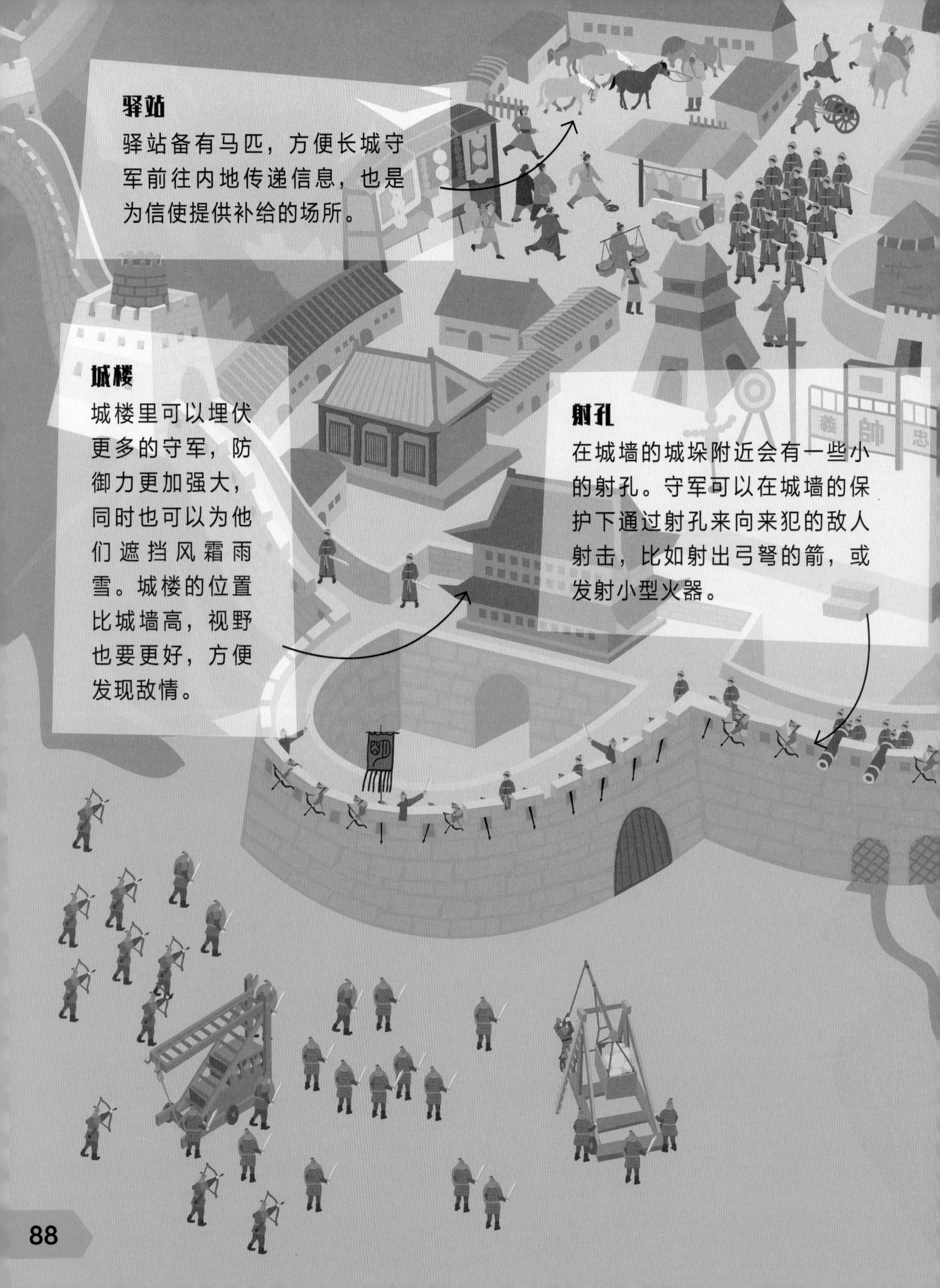

驿站

驿站备有马匹，方便长城守军前往内地传递信息，也是为信使提供补给的场所。

城楼

城楼里可以埋伏更多的守军，防御力更加强大，同时也可以为他们遮挡风霜雨雪。城楼的位置比城墙高，视野也要更好，方便发现敌情。

射孔

在城墙的城垛附近会有一些小的射孔。守军可以在城墙的保护下通过射孔来向来犯的敌人射击，比如射出弓弩的箭，或发射小型火器。

仓库
仓库有很多种，有的保存着守军的粮食，有的保存着武器盔甲。
城垛
城墙上突出的防御设施，后面可以躲藏士兵，方便他们在战斗中向来犯的敌人发射箭矢或是火器。
马道
马道可以供城上的士兵往来行动，互相支援。

敌人来了

从远处看，长城是一堵绵延不绝的长墙，但它实际上是由多种具有不同功能的设施组成的。这些设施可以简单概括为两种功能，即战斗功能和生活功能。城垛、敌台、烽火台等建筑用于直接抗击来犯的敌军，而仓库、驿站等建筑为守军提供战斗与生活必需的物品。

提到长城，人们最先想到的就是烽火台。以明长城为例，每个烽火台上往往有 8 个人，包括 2 个军官和 6 个士兵。当烽火台上的守军发现敌军来犯时，他们就会点燃烽火。这一信号会不断传递下去，通知到朝廷，朝廷再派人增援。

而长城周边往往也有一些往来的客商和居住在边境上的民众，他们的生活受到长城和守军的保护，同时他们也为保护者们提供力所能及的支持。

进攻与防御

一旦烽烟燃起，就意味着敌人已经来犯。在内地的增援到来之前，守军必须守住城墙。

此时，位于关城和烽火台上的守城士兵都处于高度紧张的状态，他们端起武器准备迎敌。士兵们拉开弓箭，训练有素的军队摆好火枪和大炮，只等敌人进入射程。守城士兵躲藏在城垛后和城楼内，进攻的敌人不但不容易击中他们，甚至连找到他们都不容易，除非敌人也用火器和其他攻城武器将城墙摧毁。

然而，这并不是说攻城方只能望城兴叹，他们也有各种破城的方式。云梯、火攻、炮击、挖地道……有多少种守城的方式，就有多少种破城的方式。而为了应对这些方式，守军又准备了礌石、沙土、堑壕……

瓮城是一种十分坚固的防御设施。大多数瓮城的城门并没有修在正中间，而是设在一侧。这样，前去破坏城门的攻城方，会同时受到来自正面和侧面两边城楼的攻击。

无论是攻城方还是守城方，都要绷紧神经，同时想方设法来化解危机。在这场较量中，他们比拼的不仅是军力，更是谋略与意志。

礌石

守城方会用巨石居高临下打击攻城方，以及他们的攻城武器。

瓮城

瓮城突出于城墙之外，有吸引敌人的作用，从而与旁边的城楼形成交叉火力杀敌，同时也为城门增添了一道保险。最大的城门往往设在瓮城内侧屏障，要攻进城墙内，还得多过一道门。

云梯

云梯也叫云梯车，这种攻城武器配备有防盾，可以保护攻城士兵。

火器

火器在明朝时大规模运用于军队中。火器能够更加轻松地摧毁传统的城墙，但在双方火器水平相当的情况下，守军同样也能用火器痛击来犯的敌军。

答案

最早的长城
战车排列

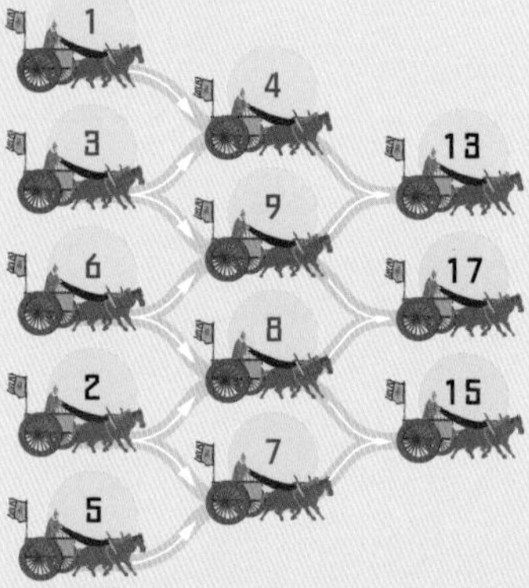

最早的长城
城楼布兵

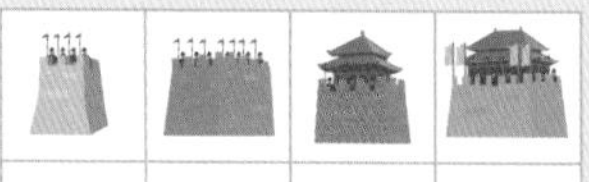

3	12	8	20

最早的长城
攻城计

150 分钟后，他就可以攻上城楼了。

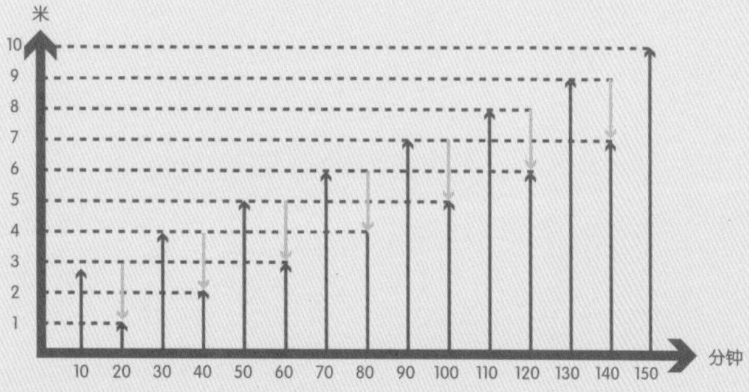

最早的长城
巡视堡垒

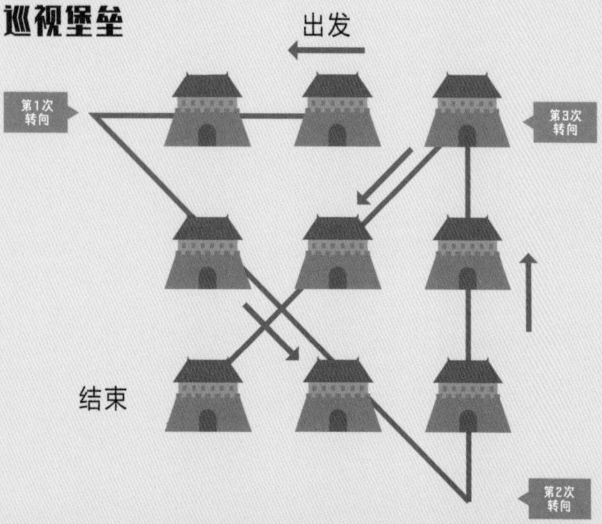

秦始皇筑长城
秦朝旗帜

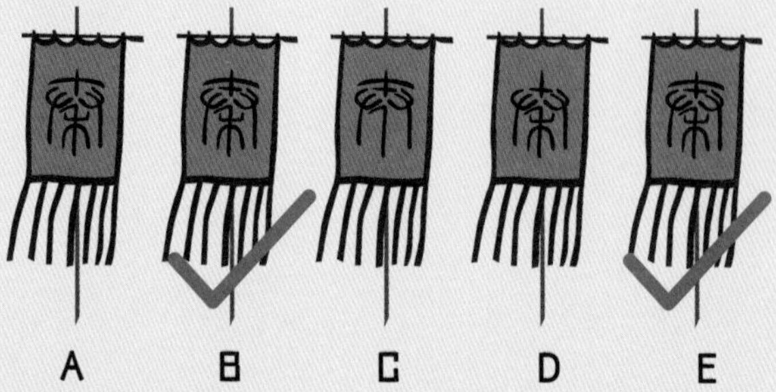

秦始皇筑长城
做晚饭

第一步：将两个沙漏同时计时，当 10 分钟沙漏里的沙全部漏完，18 分钟沙漏中的沙还需要 8 分钟漏完。

第二步：10 分钟沙漏漏完后立即倒转。当 18 分钟沙漏中剩余沙子漏完后，10 分钟沙漏剩余沙子还剩 2 分钟漏完。

第三步：将 18 分钟沙漏剩余沙子漏完后立即倒转。当 10 分钟沙漏剩余沙子漏完后，18 分钟沙漏还剩 16 分钟漏完，此时开始煮菜，直到 18 分钟沙漏漏完后熄火。

秦始皇筑长城
逃跑的民工

最下方劳工幸运地逃出官兵的追捕。

秦始皇筑长城
石块开采

白登之围
白登山下的会议

有 9 处不同。

白登之围
缴获的兵器

打钩的武器
未在雪地上
留下痕迹。

白登之围
谁是使者

B 是使者。

1. A 会被选中；
2. 如果 A 被选中，那么 B 就不会被选中；
3. 只有 A 被选中，B 才会被选中；
4. 两人都会被选中。

本道题可以采用穷举法，选中人数有 3 种情况：
假设 1：A 被选中，B 没有被选中。
假设 2：A 和 B 都被选中。
假设 3：A 未被选中，B 被选中。

先把假设 1 情况带入，猜测 1 正确，猜测 2 也正确，因为只可能一种猜测正确，所以排除假设 1。

将假设 2 情况带入，猜测 1 正确，猜测 4 也正确，因为只可能一种猜测正确，所以排除假设 2。

将假设 3 情况代入，猜测 2 正确。根据猜测 3 可以得出：如果B被选中了，则A一定被选中，而A没有被选中，所以错误。经排除得出假设 3 正确。

白登之围
雪地轨迹

边塞运动会
军事大赛

1-C 、2-B 、3-D 、4-E、5-A

边塞运动会
赛马

数字是 16 的马匹最后取得了胜利。

边塞运动会
十字弩训练

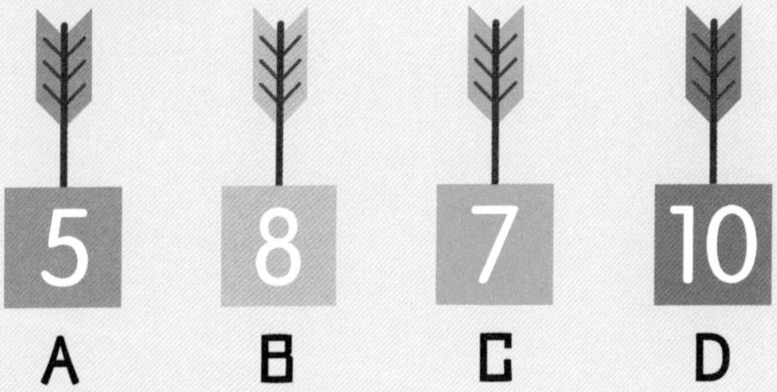

边塞运动会
天田

答案不唯一。

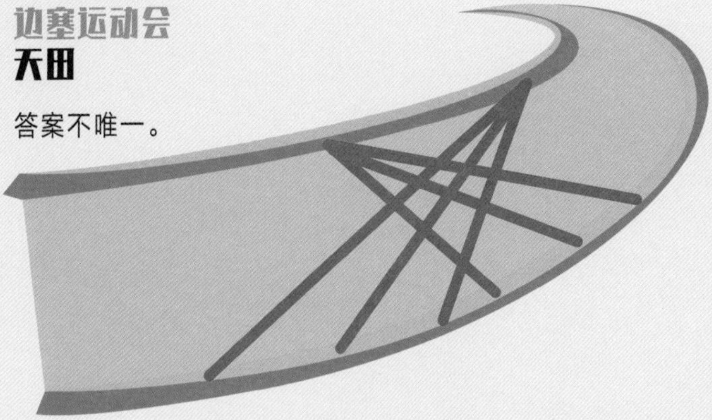

烽燧下的“泼水节”
玄奘取经

有 6 处不同。

烽燧下的“泼水节”
桶中水

1、3、2。

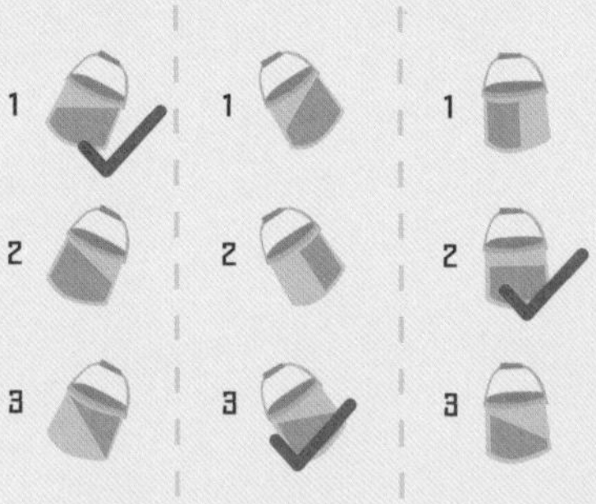

烽燧下的“泼水节”
泼水节

第一步：将 7 升容器装满水，然后倒入空的 5 升容器中，剩余 2 升水留于 7 升容器中。

第二步：将 5 升容器中的水倒掉，再将 7 升容器中剩余的 2 升水倒入 5 升容器，7 升容器此时为空。

第三步：将空的 7 升容器重新装满水，倒入装有 2 升水的 5 升容器中直到装满。

第四步：第三步后 5 升容器装满，此时 7 升容器中还剩 7-3=4 升水，即我们要得到的水的容量。

烽燧下的“泼水节”
弹力皮球

4 次。第一次弹起高度为 6 米，第二次弹起高度为 3 米，第三次弹起高度为 1.5 米，第四次弹起高度为 0.75 米。因此，小球在地面弹起了 4 次。

草原上的战壕
金长城的修筑

E。

草原上的战壕
骑射训练

由“以‘狼’命名的骑兵都不是第一名”和“游龙号骑兵排在以‘狼’命名的两个骑兵之间”可以推出：战狼号和野狼号骑兵中的一个是第二名，另一个是第四名。游龙号骑兵一定是第三名。又因为“战狼号骑兵不是最后一名”，可以推出野狼号骑兵是第四名，战狼号骑兵是第二名。最后可以得出飞鸟号骑兵是第一名。

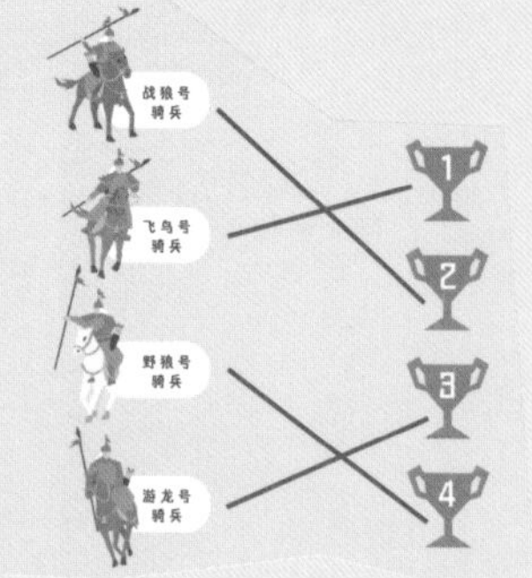

草原上的战壕
萨满仪式

第一组。

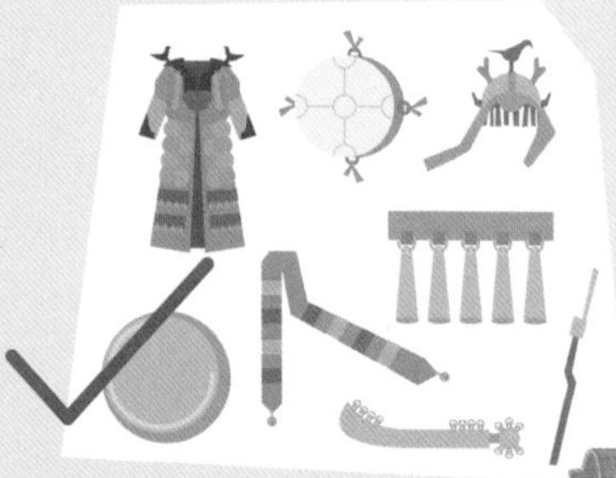

草原上的战壕
提水装置

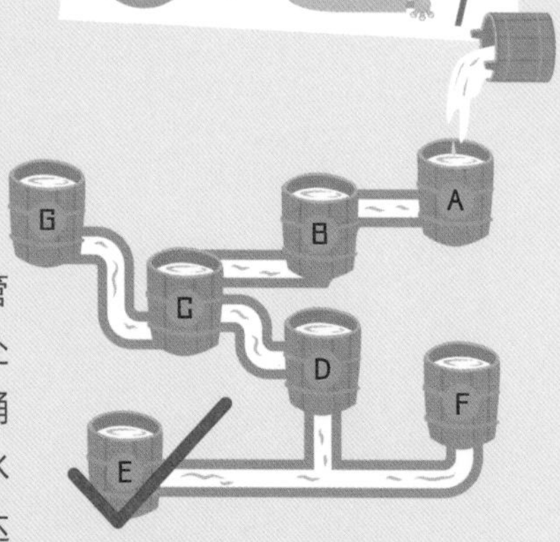

E 桶。各木桶用水管相连，因为水往低处流，所以低处的木桶先装满水。如图：水顺着水管由 A 桶到达 B 桶，再到 C 桶。到达 C 桶后，虽然 C 桶通向 G 桶的水管低于通向 D 桶的水管，但是 G 桶高，所以水先流入 D 桶。E 桶和 F 桶的水管虽然一样高，但是 F 桶高于 E 桶，所以水先进入 E 桶，E 桶先装满。

拱卫京师的大工程
还原遗迹

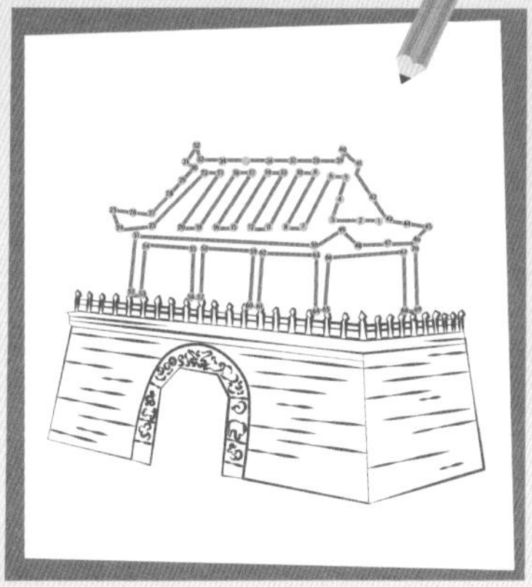

拱卫京师的大工程
四大天王

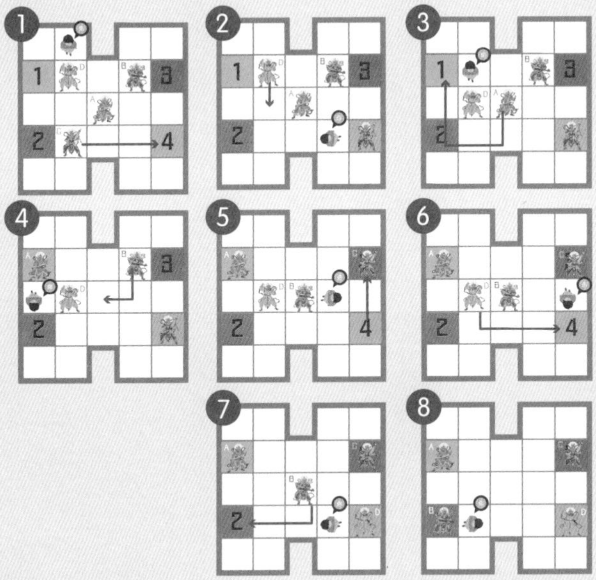

拱卫京师的大工程
建造空心敌台

10 天。已知 30 名工匠需要 40 天能将一座空心敌台建成，那么 1 名工匠则需要 30 × 40=1200（天）将一座空心敌台建成。现多派 10 名工匠，一共 40 名工匠一起建造敌台，则需要 1200 ÷ 40=30（天）建成。所以可以提前 40−30=10（天）完成。

拱卫京师的大工程
长城砖的烧制

A → D → B → E → F → C

瞭望台下的边境贸易
镇北台

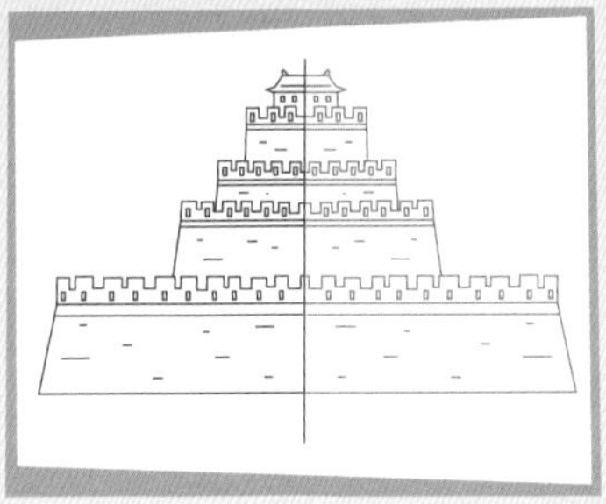

瞭望台下的边境贸易
蒙汉互市

506 个银锭。

蒙古商贩卖出自己的货物共得到
5 × 11+3 × 18+8 × 16+18 × 7=363（个）银锭。

购买内地商贩货物共花去
12 × 6+7 × 8+16 × 3+22 × 5=286（个）银锭。

再以高出 50% 的价格卖出这些商品，共获得
286 × 150%=429（个）银锭。

所以总共带回家（363−286）+429=506（个）银锭。

瞭望台下的边境贸易
寻找摊位

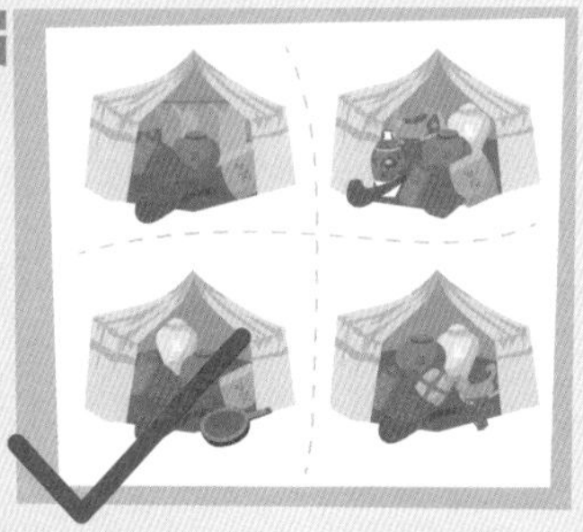

瞭望台下的边境贸易
破碎的酒壶

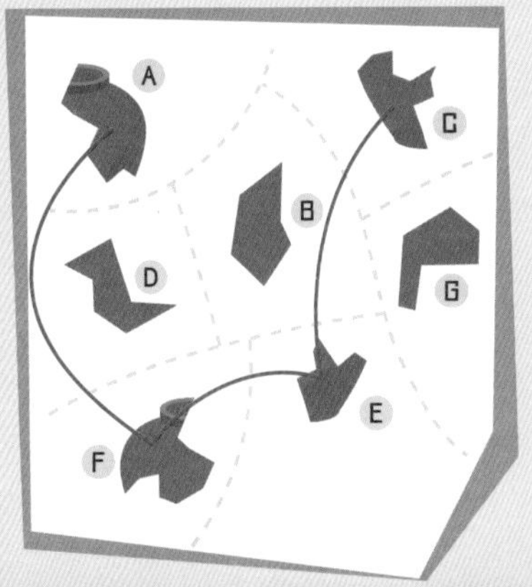

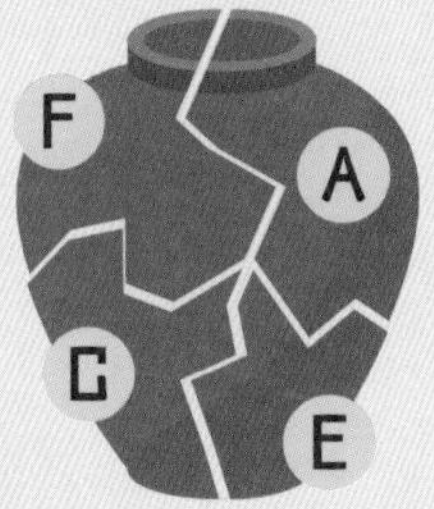

山海关大战
天下第一关

山海关大战
四座城门

山海关大战
五虎镇东

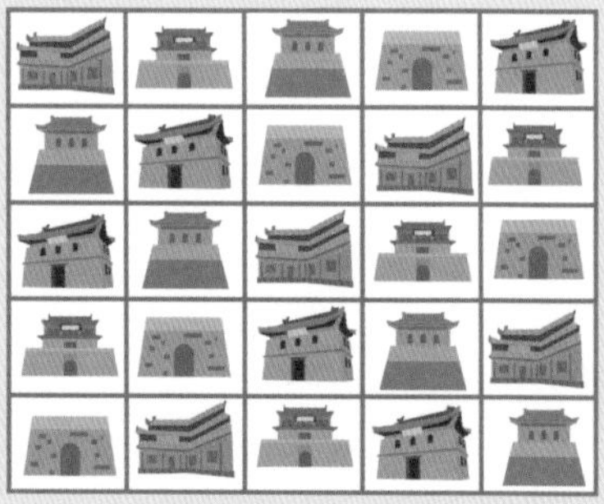

山海关大战
猜猜哪一年

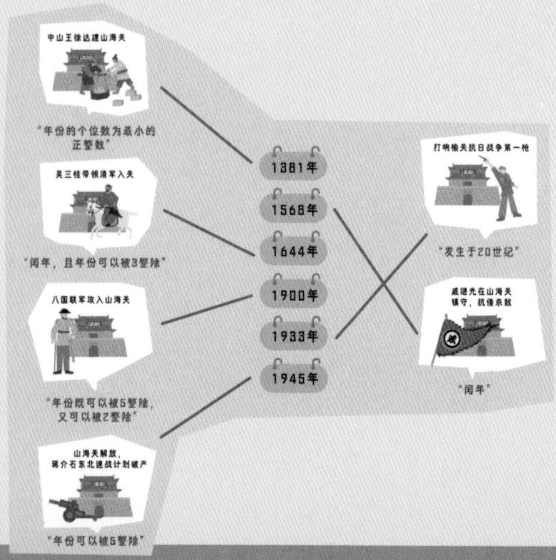

长城第一桥
火柴棒四边形

1. 因为水平摆放的火柴棒数量和垂直摆放的火柴棒数量相同，可以先考虑水平摆放的火柴棒的数量，并推导出其摆放规则。

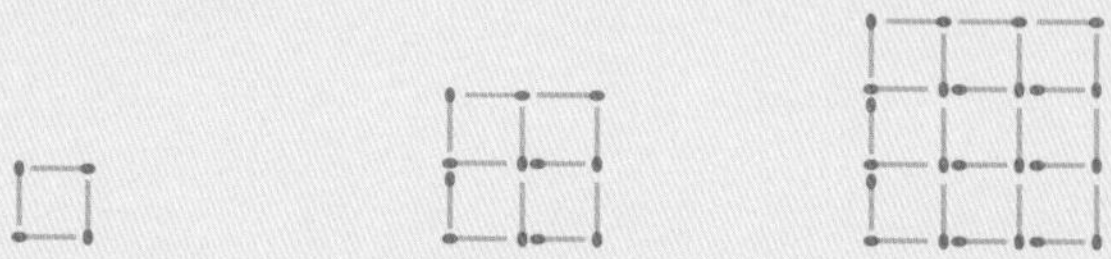

第一扇水门：1 × 2 根火柴棒

第二扇水门：2 × 3 根火柴棒

第三扇水门：3 × 4 根火柴棒

第 n 扇水门：n ×（n+1）根火柴棒

2. 再将火柴棒数乘以 2，得到总共需要的火柴棒数量 = n ×（n+1）× 2。

所以，第九扇水门下方共有 9^2=81 个正方形，共由 9 × 10 × 2=180 根火柴棒组成。

长城第一桥
燕尾榫

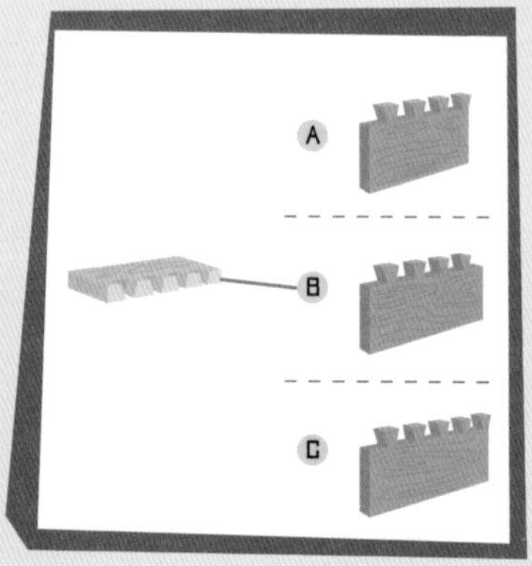

长城第一桥
火药存放

97 箱，超出安全范围 7 箱。

长城第一桥
渔夫过河

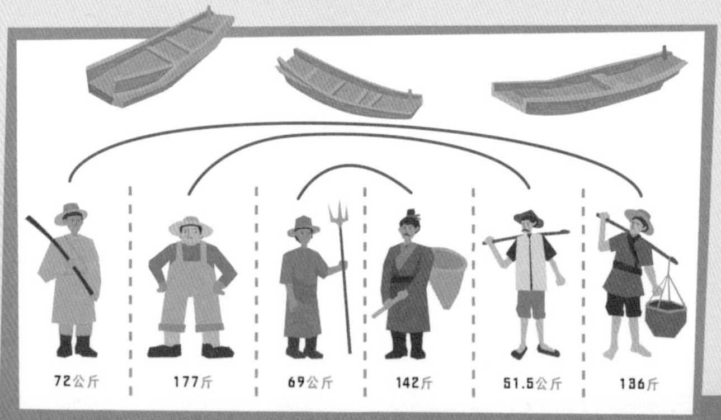

嘉峪关的探险家
明城墙

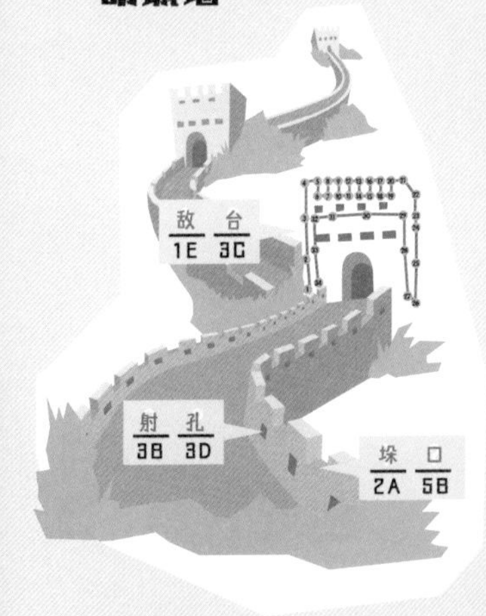

嘉峪关的探险家
邮差路线

答案不唯一。

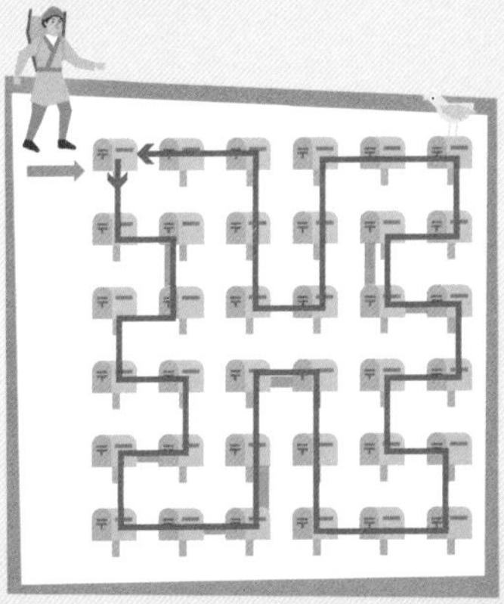

嘉峪关的探险家
人马数量

因为队伍前后各有 3 名打手，
所以一共有 3 × 2=6（名）打手。
因为每名打手陪同 6 名马夫，
所以一共有 6 × 6=36（名）马夫。
因为每名马夫都用缰绳牵着 2 匹马，
所以一共有 36 × 2=72（匹）马。
因为每匹马的拖车上还坐着 2 个商人，
所以一共有 72 × 2=144（名）商人。
因此，一共有 6+36+144=186（个）人。
一共有 72 匹马。

186 个人　72 匹马

嘉峪关的探险家
脚手架

每个正方形中的数字之和是 22，
因此问号处的数字是 8。

? = 8

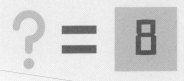

长城脚下的汽车拉力赛
土木堡长城

有 5 处不同。

长城脚下的汽车拉力赛
冠军车

A

长城脚下的汽车拉力赛
时区

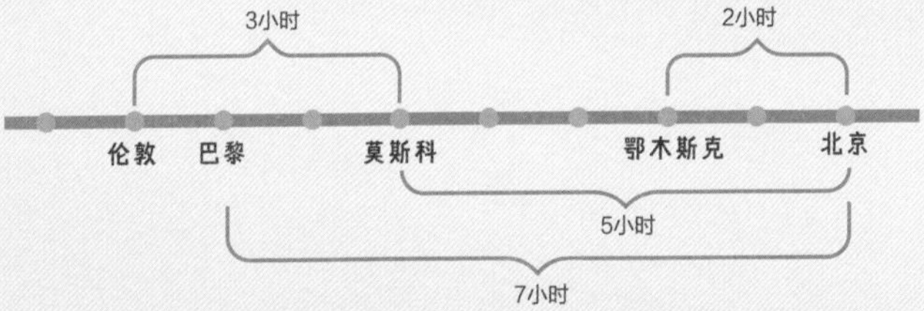

1. 从图中可以得出，北京比鄂木斯克早 2 小时，北京比莫斯科早 5 小时，北京比巴黎早 7 小时，北京比伦敦早 8 小时。
2. 在图中的 5 个时钟里，用假设法找出满足条件的所有时间：假设北京时间是上午 6 点，鄂木斯克此时应该是凌晨 4 点，因为不存在凌晨 4 点的时钟，所以排除；假设北京时间是凌晨 1 点，鄂木斯克此时应该是晚上 11 点，因为不存在晚上 11 点的时钟所以排除；假设北京时间是中午 12 点，鄂木斯克此时应该是上午 10 点，因为不存在上午 10 点的时钟，所以排除；假设北京时间是凌晨 3 点，莫斯科此时应该是下午 10 点，因为不存在下午 10 点的时钟，所以排除；假设北京时间是上午 8 点，则所有城市的时间点都满足。
3. 得出结论：北京时间为 8 点时，鄂木斯克时间为 6 点，莫斯科时间是 3 点，巴黎时间为 1 点，伦敦时间是 0 点。

长城脚下的汽车拉力赛
沙漠救援

C 牧民最终救了他们。

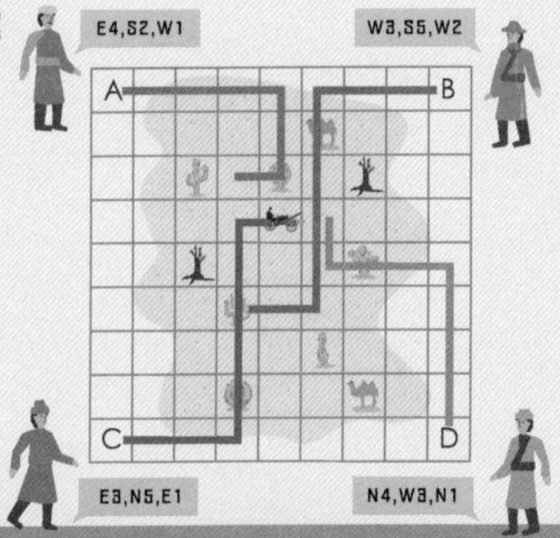

雁门关的游客
寻找失物

雁门关的游客
关城诗句

居庸关（A）
雁门关 (D)
玉门关 (C)
阳关 (B)
山海关 (E)

雁门关的游客
大雁排列

A  8 个斑点 → 此数列 2、4、6、x 为等差数列，相邻数字之间的差相等，为 2。

B  3 个斑点 → 此数列 12、9、6、x 为等差数列，相邻数字之间的差相等，为 -3。

C  8 个斑点 → 此数列 16、x、4、2 为等比数列，相邻数字之间的商相等，为 1/2。

D  12 个斑点 → 此数列 4、8、x、16 为等差数列，相邻数字之间的差相等，为 4。

雁门关的游客
迷路的游客

答案不唯一。

系列丛书

藏在中国历史里的
数学思维
大运河
作者：阿尔法派工作室 束雅婷 赵妍
插画：杜飞
中国大百科全书出版社
Encyclopedia of China Publishing House

DK儿童穿越时空百科全书系列
探索知识与美的无限可能
DK 儿童穿越时空百科全书
绘图［英］史蒂夫·努恩 文字撰写［英］安妮·米勒德
穿越时空的港口
从古代贸易站到现代海港
DK 儿童穿越时空百科全书
绘图［英］史蒂夫·努恩 文字撰写［英］安妮·米勒德
穿越时空的街道
从古代宿营地到现代市中心
新增“未来街道”全新修订版
DK 穿越时空的中国
绘画 杜飞
穿越时空的大运河
沿世界上最古老的运河探险，开启穿越中国2500年历史的奇妙之旅
中国大百科全书出版社

万物出品
DK 儿童穿越时空百科全书
绘图［英］史蒂夫·努恩 文字撰写［英］菲利普·斯蒂尔
穿越时空的城市
从古代殖民地到现代大都市
DK 儿童穿越时空百科全书
绘图［英］史蒂夫·努恩 文字撰写［英］安妮·米勒德
穿越时空的尼罗河
从维多利亚湖到亚历山大
DK
万物出品
穿越时空的中国长城
沿世界上最伟大的长城来一次跨越2700年的旅行，穿越时空看不一样的中国
杜飞 绘
中国大百科全书出版社